心芯相印·不忘初心

段昌平 / 著

四川科学技术出版社

图书在版编目（CIP）数据

心芯相印·不忘初心 / 段昌平著. —— 成都：四川科学技术出版社，2019.2

ISBN 978-7-5364-9383-4

Ⅰ.①心… Ⅱ.①段… Ⅲ.①人生哲学—通俗读物Ⅳ.①B821-49

中国版本图书馆CIP数据核字(2019)第032037号

心芯相印·不忘初心

XIN XIN XIANG YIN·BU WANG CHU XIN

著　　者	段昌平
出品人	钱丹凝
组稿编辑	程佳月
责任编辑	方　凯
责任出版	欧晓春
封面设计	成都木之雨文化传播有限公司
出版发行	四川科学技术出版社

成都市槐树街2号　邮政编码：610031

官方微博：http://e.weibo.com/sckjcbs

官方微信公众号：sckjcbs

传真：028-87734035

成品尺寸	145mm×210mm
	印张 4　　字数 90千
印　　刷	成都锦瑞印刷有限责任公司
版　　次	2019年2月第一版
印　　次	2019年2月第一次印刷
定　　价	39.00元

ISBN 978-7-5364-9383-4

心芯相印 · 不忘初心

序　一

　　段昌平是我的老领导和恩师，他在成都任420厂的厂长时，可以说是受命于危难之际。当时万人大厂陷入困境，也正是急需用人之际。为了使企业走出困境，经会议商讨后，段老提议把"下海"在乡镇企业的我召回工厂，任工艺研究所副所长。后来企业运营出现好转，出于对我的信任和能力的肯定，组织先后决定任命我为副总工程师、副厂长、代总工程师。段老调离420厂后，组织决定安排我接任厂长。所以，在我人生最重要的阶段，是他老人家一手栽培了我，我们也从此结下了深厚的情谊。他出版自传《心芯相印——我与祖国的航空发动机及国有大型企业》时，我作为弟子，自然责无旁贷地作了序。

　　最近，他老人家写了《心芯相印·不忘初心》一书，自然又来找我作序。说实话，段老的这本书立意比他的自传高得多，已经涉及哲学层面的问题，再让我写序，我真有心有余而力不足的感觉，然而段老再三要求，我又不敢违命，只好硬着头皮写。

其实他老人家的"三个永无止境""三个客观对待"和"三个办事准则"，我在二十多年前与他共事时就听他说过。他也以此为座右铭，认真践行这些自己认定的准则。"三个人生源泉"过去未曾听他讲过，应该是他退休后的新感悟吧！

本书在讲这"四个三"时，回忆起的很多往事我都知道并经历过。我在这里不详论这"四个三"的意义，也不论段老引用的一些科学问题的对与错，比如引力是不是波。爱因斯坦说引力是波，大家也都说引力是波，但我认为引力不是波，这个观点我在一些已发表的文章里讲过，这里不再赘述。我只想说，段老这么一个年近八旬的老人，仍然能够不断地思考这些问题，就足以令人敬佩。就凭段老这份想把自己认为很有道理的人生真谛分享给大家的情怀，就应该成为我的人生榜样。正因为有这样的理想和情怀，有一股永远进取的精神，段老退休后进入一个更加灿烂的人生阶段，生活有滋有味，身体也越来越健康。所以我认为，读这本书不在于书中有多少"心灵鸡汤"，重要的在于看看一个年逾古稀的老人是怎样在生活。一种真正有意义的生活，一定是永远在思考的生活，一种永远追求和逼近真理的生活。

　　本书的出版，正是向人们展示了怎样才是有意义的人生。对我们这些也正在迈入老年人行列的人而言，从中汲取精神养分，无疑是极具意义的。在此，我要感谢段老为我们树立了光辉的榜样，也衷心祝愿他健康快乐永无止境！

林左鸣

2018年11月27日

序　二

老同志花了很长时间，总结自己过往几十年人生，写了《心芯相印·不忘初心》一书，让我写个序。长者有托，不敢辞，但这于我，是个挺重的事。

认识段老二十多年了，其间交流较多。细细回想，交往很是纯粹，探讨工作、人生是重要主题，不觉间成为忘年。

我一直觉得，此老罕见，其年近八十，但质朴依然，关心国事、勤于思考、热爱生命、敬畏天地。虽世事变幻，却一以贯之。有点走在老路上，心中总有阳光的样子。

认真阅读老同志的文章，语言朴实，情感真挚，总结几十年从事航空事业的过往生活。归纳出"四个三"，即"三个永无止境""三个客观对待""三个办事准则""三个人生源泉"，我平日胡乱读书，日积月累，知道了一些学者的名字和观点，自己也在工作中不断实践、思考，对照段老的人生总结，深感"条条大路通罗马"。实践智慧与理论智慧在建设人的生活态度及深化人对自身和宇宙的认识方面相通者多，就此人生感悟而言，实践出真知确是实然。也罢，就顺着这"四个三"补充点个人看法，算是和老同志来次笔谈吧。

"三个永无止境"讲的是：人对自然界的认识与利用永无止境；人在认识和利用自然的过程中，自身的进化与完善永无止境；人对理想和美好生活的追求永无止境。这是近八十年人生实践基础上凝成的认识，描画出无限的图谱。在每个永无止境中，实践都一以贯之，为基础、为承载，人为实践的主体地位跃然而出。

无限的观念对投身实践的人来说，是高度积极的。首先，无限提供了希望的可能性，这是产生理想和目标的土壤。有限会构成一种限制，会在过程中制造宿命、制造虚无。无限则成为一种敞开，促成实践者的某种信念、信仰，锻造实践者一往无前的精神，不接受不可能的判定。其次，无限的观念促生了创造的可能性。人类的文明史其实也是人类的创造史。无限为创造开辟广阔的疆域，期待着人们智慧的劳动，为人们的意志和决心提供落实的领地。再者，无限为人的好奇与求知滋生永无边界的乐趣。如此，只有在无限的前提下才有"我可以知道什么""我可以做什么""我可以希望什么"这些问题，它们也就是康德的哲学三问，其最终指向人是什么？统一在人的实践这一主题下，不难发现，这与马克思哲学观点的前提是吻合的。

老同志从求学开始，几十年都在航空工业领域实践着，对我国航空事业的创生、发展有着深切的感受，对其中的筚路蓝缕、曲折艰辛、点滴积累、辉煌成就都长期亲历……今天，当我们思考我们的产业发展时，我们会把航空报国精神作为产业历史形成的优良传统，期望能够继承发扬，成为鼓舞一代代后来者奋斗前进的内在动力。我认为，航空精神的内涵不仅仅重在艰苦奋斗、无私奉献，也包含着在不可能中创造出可能，在任何困难下都保持希望，让信念在坎坷中锻造成信仰的集体意志和实业灵魂。这尤其体现在许许多多极为艰难的选择中、体现在几代人一点一滴的专注中。

"三个客观对待"讲的是：客观对待事物；客观对待自己；客观对待他人。这其实是人如何实践的问题，包括做人和做事。

在"客观对待事物"中，老同志结合自己在发动机领域的长期实践，围绕着"认识客观""遵循客观"谈了自己的观点，我以为极其重要。用我自己的话来说，我们自己的实业在今天面临着转型升级的发展需要时，必须要明晰前提、坚定目标、广泛学习，同时也必须找准自己的问题。

经历了三十多年的经济发展后，党中央提出了"供给侧改革"的方针，也就是说，实业的发展必须内在地提升能力和水平，向着高品质、高价值方向迈进，这也就是转型升级的过程。

综观我们的诸多产业，特别是西方发达国家也同时具有的产业，我们会发现，我国的企业基本上都面对着西方国家的全球性垄断企业。这是我们作为后发国家的现实状况，也是我们转型升级的前提。这告诉我们，必须要深入、全面、细致地学习、了解、研究我们与垄断企业的差距，对这个差距的了解过程其实也就是对西方垄断企业发展历史的学习过程。而当我们一旦进入西方垄断企业发展史的学习时，我们便会认识到企业发展的经济、政治、军事、文化的社会土壤和时代变迁。这是由文艺复兴、新教改革、科技发展、工业革命、启蒙运动等共同谱就的、跨越几百年的、波澜壮阔的历史长卷。这会使我们在开阔的视野和纵深的年代跨度中更好地理解差距产生与积累的历史性和系统性，从而让我们更深切地体会面对垄断这一前提并了解挑战垄断的艰巨和困难。

同时，我们必须结合时代的发展，不断重新审视和定义我们的产业，这是讨论转型升级的另一个前提，也就是我们必须要有行业的全景认识，否则转型升级的思路是缺乏产业的完整参照的。

重新定义产业必须从产业最终的消费者开始，向上追溯至产业的最前端，无论企业处于产业链条中的哪个环节、哪个部分，这种审视都是必须要反复进行的。因为，只有从最终消费者向回看，才能把握顾客的需求，才能看清我们的位置，才能把所有社会、科技、文化的变化及对产业的影响包含进来，也使我们可以把企业的战略与最终消费者的需求关联起来。这一点对于产业中的BTB①企业可能更加重要。过往许多产业中的BTB企业每每在重大投入和发展的关键决策过程中产生复杂的争论和激烈的分歧，固然有多方面原因，但缺乏对最终消费者的研究，缺乏对产业的完整性认知也是不可忽视的原因。

当我们这样思考产业定义时，我们可以看到现实中的许多问题。比如，我国工业体系的发展历程是先以国家部委的形态创立，后来逐步改组为行业总公司的方式发展的。人们对一个产业的定义常常受历史的影响、受国家组织机构划分的影响。就拿航空业来说，在航空工业企业中工作的人很难把民航划入航空业，而民航的人也很少有人认为自己和航空工业有关系。这样，从消费者开始的一个完整的航空产业被分成了两段。这是因为航空工业部和民航从创设时就是两个机构，组织机构的边界成了产业的边界。所以，当我们谈航空业的转型升级时，航空工业的人就很难把航空市场，尤其是民用航空市场与自身的转型升级做更密切的关联，也很难把民航大飞机的采购和航空制造的需求更为密切地关联起来。

在上述两个前提下，我们的产业转型升级自当遵循这样的思考逻辑，即在面对垄断的前提下如果要在全球产业中平等存

---

① BTB 是 Business To Business 的缩写，是一种企业与企业之间通过网络进行数据信息的交换、传递，开展交易活动的商业模式。

在，就必须要有自己的独立性。独立性可以理解为，在该产业价值链中至少有一个关键环节不受制于人，这其实也就是讨价还价的商业权利，是平等存在的根本保证。

由此，认清我们与垄断企业的历史性和系统性的差距，建立从最终消费者开始的产业全景，立志向价值链中的关键环节攀进，这就是老同志所谓的"认识客观"吧。

没有商业学院教授这样的课程：面对垄断，如何从产业价值链的中、低端发展到中、高端，成为全球行业中最优秀的企业之一。这是我们自己企业的实践问题，只有通过我们自身的实践、学习，才能找到自己的答案。

明晰自身的问题后，我们自会认识到，这是一个长期的实践过程，需要我们有长期战略。长期战略其实是创办实业的题中应有之义。创建实业本就应是追求永续发展，对从事实业的人来说，商业的考量甚至是为了企业的长久追求。这个追求必然会超越短期的功利目标，成为实业人信念、甚至信仰的一个部分。当然，企业作为经济组织，必然要盈利，但盈利本身不是实业创办的终极目的，而是必要保障。

长期的战略，必然需要长远的人力资源规划，作为因人而设、为人存在、由人实现的企业组织，在面对垄断，起点较低，但又要沿价值链向上攀爬的艰苦行程中，必须借助长期的人力资源规划才可能更好地促成人员的稳定、人才的成长和集聚以及知识的创造和融合，最终形成关键的能力建设，以达成对关键价值环节的拥有。无论企业是通过自身积累，还是收购兼并；无论是在某一环节精深打造，还是在某一细分市场勤奋耕耘；又或是运用互联网、智能、大数据等新技术，均需要秉承长期战略的思想持续坚持，这就是实业所包含的专注意识、专业精神。对我们自己的企业来说，缩小和垄断企业的差距意味着双重挑战，那就是既要在技术和技能上提升，也要在效率和效益上努力。双重挑战使得固化和优化间的关系格外紧张，这种紧张给企业战略提出的要求极高，要求企业必须着眼长远，凡是对未来重要的事情，今天就必须做、必须投入。这突出表现为对人的投入、对学习的投入、对研发的投入、对基础性工作的投入。这是长期战略下后发企业的必然过程，是一个长时段的战略投入期和战略学习期。具体到行动上，既要极度坚韧、坚定、耐心，又必须高度激情、高度勤奋、争分夺秒。如此，才是我们实践中的"遵循客观"。

客观对待自己，主要是对管理者的要求。是否能常常自己反思，意识到自己只是人群中的一分子，是别人的一部分，而别人是自己的一部分，这是同理心能得以保持的前提。领导者必须将责任放在首位，因为领导者是基于被信任而产生，而这个信任是在尽责上，除此之外，都构不成牢固的信任基础。时时牢记这一点是领导者的天职，可以让人永葆谦虚、永远学习、把握住权利的本质更好地尽责。

段老讲客观对待他人就是善看他人、善待他人。这里的

"善"包含着"善于""擅长"的意思，也包含着"看别人好处、长处，发挥别人优势、用人所长"的意思，还包含着"看大局、看长远、看主流"的意思。

"三个办事准则"谈的是要把企业的事情办对、办成、办好。"办对"相对应于企业抓机遇、定战略；"办成"指的是用活资源，运营管理有效；而"办好"对应于优良素质、匠心营造，是具体而完美的执行和操作。这样就将企业从领导者到中间层再到所有一线人员全部结合起来，将战略的制定从分级到落实贯通起来。接着我前面长期战略的话题来讲，转型升级的企业在追赶垄断企业的道路上其任务也是独特的，这个独特性体现在以下几个方面。

一是要有安全战略。企业必须活着才谈得到未来。而安全简单说，是既不要被自己折腾死、也不要被别人折腾死。这就要求企业对内要健康，不管是财务方面、管理方面、文化方面还是经营方面都要健康；对外要低调、专注，要坚定学习优秀企业的决心，坚定对自身顾客的持续研究，坚定走自己道路的决心。不要太过在意那些注重短期商业利益的企业，以防止自己走回头路；更不要轻易挑起与垄断企业的对抗，从而被垄断企业打压，要学会相处之道，善于守拙，谦逊而低调，专注在自己的成长上。

二是要加强整体学习。企业全体人员必须在追赶、建设的路上勤实践、勤学习，这是缩小系统性、历史性差距，加快人才培养的必然。个人学习是基础，组织学习是重点。组织学习是个人、部门各自知识的共享、共有和融合，这是一个长时段的根本任务。整体学习要求良好的学习分享氛围，要求把人的成长作为主题。

三是强化内部合作，任何层级组织，内部合作都是难题。官僚组织在促成专业知识积累、区分职责的同时，就强化了组织壁垒，弱化了内部合作。而唯有加强合作才能更好地建设能力，这是我们转型升级的必然要求。

对我们处于转型升级阶段的企业自身建设独特性的理解决定着我们的经营管理取向，不能体现这些重点的举措会因为内在一致性的缺失延迟自身的发展进程。当然，对"三个办事准则"必须要有动态、演化和无止境的理解，何谓"成"、何谓"对"、何谓"好"就会与我们的阶段性发展和长期追求结合起来，符合我们不断提升的标准和方向。

"三个客观对待""三个办事准则"讲的是实践问题，是实业人生的做事做人问题，对长期在企业中担任不同领导职务的老同志来说，即是工作写照，也是人生写照。

"三个人生源泉"指的是优秀的品德来源于修造、事业的成就来源于勤敏、福气来源于对命运的把握。其中，修炼是"正心""修身"，我理解主要指求知与择善。这三个来源其实应与最前面三个没有止境合起来，人在无限中、在无限的可能中选择什么？何者是自身可努力的、必须全力以赴的？何者是无奈的，必须达观和顺应的？由此给出自己几十年人生实践铸成的答案。在无限可能中，选择求知、学习、实践，选择善行、善念，从传统中、从圣贤之言中、从自身感悟中、从实业经历中，凝成待人、待己、待事的态度，养成把事情办对、办成、办好的方法，形成勤奋、踏实的人生习惯，拥有必需的物质、拥有宝贵的精神、建设良好的心境，面对命运、笑对命运。此刻，长天一月，豁然敞亮。

李泽厚先生写过人生四态：活着，为什么活？如何活？活得怎样？其实每个人都在用生命谱写答案，用到组织身上也同样适合。活着就要寻找意义，这就是人不同于动物处。为什么活给出意义，如何活就要践行这个意义，活得怎样更像是个心境的问题，最终只有自足才可的。

这时，"四个三"其实回答着一个问题：我是谁？这个问题真是永恒一问，因为这答案要用一生、用做人来回答。对于实业界的人来说，便是实业生活、实践人生。

徐东升

2018年3月18日

目 录
CONTENTS

序 一…………………………………………… 01

序 二…………………………………………… 05

写在前面的话………………………………… 01

三个永无止境 03

（一）人们对大自然的学习、认识与
利用是永无止境的……………………………… 04

（二）人们在认识、利用大自然的过
程中对自身的进化与完善是永无止境的… 09

（三）人们对理想和美好生活的追求
是永无止境的………………………………… 09

三个客观对待 19

（一）客观对待事物…………………… 22

（二）客观对待自己 ················· 29

（三）客观对待他人 ················· 46

三个办事准则   59

（一）把事情办对 ················· 61

（二）把事情办成 ················· 66

（三）把事情办好 ················· 70

三个人生源泉   77

（一）优秀的品德来源于修造 ········ 78

（二）事业的成就来源于勤敏 ········ 87

（三）福气来源于对命运的把握 ······ 92

后　记 ······························· 101

写在前面的话

之前写了《心芯相印——我与祖国的航空发动机及国有大型企业》一书，其实就是一本自传。书中写了自己大半生的经历，多多少少做了点有意义的事。有读者希望我将自己过往 60 年的人生经历进一步提炼升华，这也是我内心的愿望。

人的一生就是做人、做事。我从自身经历中感悟到，要做好人做好事需要做到"四个三"，即"三个永无止境""三个客观对待""三个办事准则""三个人生源泉"。这"四个三"伴随着我的一生，几十年过去了，至今仍然是我人生的基本坐标。

我不是在研究人生，探讨人生。我根本没

有资格去研究、探讨人生这个大学问，只是回顾一下自己七八十年人生路上的一些认识与做法，留给我的后人及了解我的亲朋好友。这也不是表白当年勇。自己没有什么勇的，即使多少有点，也应本着"生而不有，为而不恃，功成而弗居"的态度平平淡淡过余生。

一

三个永无止境

人们对大自然的学习、认识与利用是永无止境的；人们在认识、利用大自然的过程中对自身的进化与完善是永无止境的；推动着这两个无止境的动力，也就是人们对理想和美好生活的追求是永无止境的。这是我1993年到日本考察回国后，在工厂中层管理人员大会上发表的观点。日本面积不大，人口密集，资源极度匮乏，在第二次世界大战中又遭惨败，国力大为削弱，但战后几十年间却迅速崛起，这不能不引起我的深思，深思的结果就是这"三个永无止境"。

（一）人们对大自然的学习、认识与利用是永无止境的

1. 人们一直在学习、认识大自然

太极是自然，道是自然，天地是自然。自然是我们的父母，也是我们的老师，我们必须学习自然，认识自然，从而遵循自然，顺应自然，与自然共生，与天地同存。

上私塾时，读了盘古开天辟地的神话故事：混沌初开，乾坤始奠，气之轻清上升者为天，气之重浊下凝者为地，大自然由阴阳二气所成。后来人们认识到太阳、地球、月亮三者之间的关系，了解了太阳系，进而发现了银河系，直到看到了几千光年的星球。

老子提出了道，道是"有物混成，先天地生"。道生万物，道为天下母，是万物之源头。但道从哪里来？老子说："吾不知谁之子，象帝之先。"他没有直接说，也可能是不好说，加之"道可道，非常道"，道是不可用语言来说明的，就更令人深思。天地怎么形成？万物到底由谁所生？多少年过去

了，至今人类还在探索之中。这就决定了人们对大自然的认识必然是永无止境的。

人类为了生存与发展，首先要认识大自然。大自然就是天和地，当然还包括人。天大，地大，人也大，但是天与地不会随着人的意志改变，人只能适应天地这个客观世界。

举个简单的例子。古人根据地球的自转轴与其围绕太阳公转轨道平面不垂直，地球在不同时期受到的太阳光照不相等，且周期性变换这个规律，把一年划分为春夏秋冬四个季节。

在公元前104年，由邓平、落下闳等制定的《太初历》正式把二十四节气订于历法，明确了二十四节气的天文位置，用以指导农事。

祖祖辈辈就按季节、节气来播种、施肥、收割。如果偏离季节、节气而作，收成就会大受影响，甚至颗粒无收。

公元前11世纪，商末周初的数学家商高就推导出直角三角形的三条边具有"勾三股四弦五"的关系，即勾股定理。到1854年，德国数学家黎曼创立了黎曼几何，人们对自然的认识上升到了新的层次。

英国科学家艾萨克·牛顿在1687年用数学方法阐明了宇宙中最基本的法则——万有引力定律和三大运动定律，推动经典物理学到达一个新的高度。

俄国科学家德米特里·门捷列夫在1869年发现了元素周期律，发表了世界上第一份元素周期表，并相继发现了很多新元素。人们现在能够使用这些新元素和新材料进行技术革命，完成很多过去只有在神话中才出现的壮举。

犹太裔科学家爱因斯坦在1905年提出了狭义相对论，又在1916年初提出了广义相对论，人们真正实现了对时空的理解。他当时预言存在的引力波，如今得到了证实。

当然我们今天对大自然的认识是远远不够的。60年前我在学化学时就感到门捷列夫创制的元素周期表很神秘：物质能按其化合价有序地进行排列，而其中几个空位后来也被按规律填上了。为什么有这个规律？除了这些元素组成的物质外，还有没有别的物质存在？现在科学家预言自然界中还有绝大多数物质未被发现，有暗物质、暗能量存在。而今出现的超导体、石墨烯等新材料，以及更神奇的量子纠缠、超弦理论等等，不断刷新我们对大自然的认识。

2. 人们总是在利用大自然

人对客观世界的认识及反映形成了主观世界，它为人们利用自然提供理论和方法，并在实践中反复深化人与自然的关系。

18世纪瓦特成功改进了蒸汽机，掀起第一次工业革命，将人类带入了"蒸汽时代"。

19世纪制成了活塞式内燃机，掀起第二次工业革命，后又发明了发电机和电动机，人类进入"电气时代"。

当代研制出电子计算机，开发了核能、空间技术、生物工

心芯相印·不忘初心

程等等，掀起了第三次工业革命。

1903年，莱特兄弟制造出第一架飞机，时过100多年，如今装上先进发动机和各种电子设备的飞机像鸟一样翱翔天空。不仅如此，今天的人类已经飞上月球，飞向太空。

在我国，上古时代大禹治水；战国时期李冰父子修建了大型水利工程都江堰；东汉王景治黄河，蔡伦发明了造纸术，张衡发明了地动仪；北魏时期贾思勰写成农业科学技术巨著《齐民要术》；

南北朝祖冲之把圆周率推算到小数点后七位；唐朝天文学家一行测定出子午线还著了《大衍历》一书；北宋庆历年间毕昇发明了活字印刷；晚清年间詹天佑主持修筑第一条完全由我国工程技术人员设计、施工的京张铁路；当今有农业学家袁隆平和医学家屠呦呦等。

人类存在已有上百万年，然而社会进步最快的时期是最近两三个世纪，并且出现了一些像牛顿、爱因斯坦这样的科学家，像瓦特这样的发明家。他们是认识自然、利用自然的典范，他们的功绩造福人类千秋万代，是值得崇敬的人。

人民创造历史，人民中的英雄人物、尖端人才是推动社会进步的重要力量。当然，英雄人物、尖端人才的出现是有众人的基础，只有全社会都重视教育与科技，人人参与教育与科技，整个社会才能快速大幅地进步。

　　十多年前我经历过这样一件事，那时我已退休，在朋友甲的公司遇见了他的朋友乙，乙说自己在一个大学买了某种纳米级物质的专利，但不知道怎么使用。我听后如获至宝。以前一直想把发动机涡轮叶片做成陶瓷叶片，但陶瓷叶片容易破裂，因此无法使用。如果把陶瓷粉喷在高温合金上，岂不是可以耐高温、抗腐蚀吗？我曾经接触过纳米技术，当一种物质在纳米尺度上加以应用时，它的物理性能将发生根本性的变化。如果把这种纳米级的材料粉末做成球体，用等离子喷涂在涡轮叶片上，就能把涡轮叶片可以承受的最高温度提高几十度，可大大提高发动机推力，增加推重比，进而显著提高发动机的性能。

　　第二天，我们就去了沈阳发动机研究所和发动机制造厂，并把想法告诉了他们。他们听后也很兴奋，立即组织实验小组开始攻关。三年后此项公关结出了硕果，相关技术最终应用于正在研制的最先进的发动机上，解决了发动机的设计定型问题，而今已列装在我国最主要的作战机种上。

　　由此可见科学技术是多么地重要！它可把黄土变成金，甚至比黄金更珍贵，更有价值。同时也可见尖端科学技术并不是高不可攀，毕竟事在人为，有志者事竟成。

认识、利用大自然很难，但再难也要去做，因为这是人类社会进步的必由之路。首先是要通过学习与实践看清事物的本质，在认识、利用大自然的过程中要力求实事求是，不偏不倚；还要在艰难情况下具有顽强的毅力和平和的心态。具备了这样的素质，人们认识、利用大自然才会有所成就。

（二）人们在认识、利用大自然的过程中对自身的进化与完善是永无止境的

人类的文明史、进化史，就是认识、利用大自然的历史。大自然、人类社会和人的精神世界构成了整个世界，三大方面紧紧联系在一起。人们在认识自然、利用自然的实践过程中进化着自己，改变着精神世界，精神世界反过来指导人们按照自身的需求改变自然，从而使人类社会从最初的原始社会、奴隶社会、封建社会、资本主义社会一步一步发展到社会主义社会。在此过程中，社会越来越文明，制度越来越先进，人也变得越来越文明、越来越聪明、越来越能干。这个过程也是永无止境的。

（三）人们对理想和美好生活的追求是永无止境的

世界是由需求驱动的，人的基本属性是追求美好，为此祖

祖辈辈奋斗了几千年。在这漫长的历史长河中，人们的生活逐渐变得美好。从用树皮、树叶、兽皮缝制衣服到用棉花、丝绸、化工原料制衣；从吃野菜、野果到珍馐美味；从住山洞、土洞到住进高楼大厦；从走土路，到高速公路、高速铁路、地铁、轮船和飞机。信息传递从骑马快报、飞鸽传书到有线电话、无线通信、可视电话、互联网，全世界无障碍地互通信息，世界变成了一个地球村。

我父亲80年前离家去贵州打工，事隔数月家人才听说他已病逝在当地，亲人没见最后一面，也不知尸首何方，是多么地凄惨。今天的信息传递与交通变得如此发达，只需要一分钟就可以挽回多少人的遗憾啊。

我喜欢坐火车，以前为了买张火车票时常得去火车站通宵排队，从成都到北京要三四十个小时，如今在网上一分钟可以买到高铁票，七八个小时就可以到达首都，真是方便快捷又舒适。

人们对美好生活的追求是永无止境的，不光是为了自身的美好生活，也是为了国家的富强、民族的兴旺、他人的幸福。为此会自觉或不自觉地学知识，学科学，学技术，去工作实践。这一方面是在认识自然，改变自然，从而改善生活；另一方面是在改变自身的精神世界，变得更有理想，更有抱负。这个过程是永无止境的。这就形成了一个没有开头也不可能有结尾的循环。我们每个人都离不开这"三个永无止境"的循环，时刻存在于这个循环之中，只是结果不一、贡献不同而已。其实，这就是实实在在的人生。人生的质量就在于认识自然事物的水平和利用自然，即处理事物的能力。当然最终就是取决于自身的品德及劳动付出。这就是我认识"三个永无止境"的意义所在。

1. 遵循自然，和谐共生

在"三个永无止境"的观点中必须强调遵循自然，和谐共生。在人与大自然的关系中老子提出"人法地，地法天，天法道，道法自然"的观点。人们依据于大地而生活劳作，繁衍生息；大地依据于上天而寒暑交替，孕育万物；上天依据于大"道"而运行变化，排列时序；大"道"则依据自然之性，顺其自然而成其所以然。

人靠天地而生，人的活动都应遵循大自然的规律，以崇高的道德去顺应自然、爱护自然，与大自然共生。人的主动性和创造性不可能是完全随意和无约束的，"不知常，妄作凶"，如果不知道事物变化的规律而轻率行事，往往会出现灾凶。要对自然有一颗敬畏之心，一旦失去了这种敬畏，我们就会在茫茫人世天地间不知所为，无所依归。

与自然和谐共生的关键是要节约、合理使用资源，不能滥用资源，更不能破坏、污染资源。如果人们呼吸的、吃的、喝的、穿的、住的、用的都被污染了，生命就会受到威胁，生活也将失去意义。当然，人要生活、生产就必然会对自然造成一定的影响，但是我们要在生活、生产的过程中尽可能地将影响降到最低。

2. 回顾历史，看看未来

当今世界经济若想要有更大的发展，社会若想有更大的进步，人们就应该更加重视教育与科学技术，从而去认识自然、利用自然。我们的党和国家领导人早就意识到了这个至关重要的大问题，而且坚定不移地付诸行动。中华人民共和国刚成立就大抓教育与科技。中小学入学不受地域和年龄限制，只要想读书就能上学，我上小学时就有近20岁的同学。农村办夜校，农民必须扫盲。工厂办夜校，员工按各自文化程度，有的学文化，有的学专业技术，没有一个不参加学习的。全国优秀工职人员上速成中学，进而带薪入大学。全国人民学习蔚然成风。

当时国家就提出在20世纪内，把中国建设成为一个具有现代农业、现代工业、现代科学技术、现代国防的社会主义强国。建立八大工业部，还有别的专业部委。各个部委都建了自己的大学、学院、中专、技校、研究院所，以及门类齐全的中国科学院。北京的八大学院：北京矿业学院、北京地质学院、北京钢铁工业学院、北京石油学院、北京农业机械化学院、北京航空学院、北京医学院、北京林学院就是这时建立的。我是北京航空学院的学生，没缴纳任何费用就读完了五年大学。当时我国真可谓是一穷二白，国民党留下的是民不聊生的破烂家底，百废待兴，还加上抗美援朝战争，国家是那么困难，真是花家底的钱来办教育，来推动科学进步，为的是培养人才，让学子们去认识大自然，从而去利用好大自然。这一切实实在在地提高了民族的素质，培育了大批各类专门人才，为实现"四个现代化"打下了坚实的基础。很快国家经济复苏并迅速发展，研制成功了"两弹一星"，国力增强，大大缩短了与先进国家的差距，人民欢欣鼓舞，高唱共产党好。

当时国家决策要实现"四个现代化"，就是集中精力抓好科学技术，抓好农业与工业，也就是要抓好实业。人们的生活主要靠农业与工业，这是支撑社会的两大支柱。科学技术发现资源，利用资源，从而生产出满足人们物质与文化需求的产品，这才使物质在转换为产品的过程中得到升值，真正创造出社会财富。推动社会进步的除生产关系要适应生产力发展外就是靠科学与技术，既要靠基础科学，又要靠应用科学。用科学技术提升农业和工业，这是实业兴国，实业强国的正道。

1978年开始，国家实行改革开放，建设社会主义市场经济，改善了生产关系，解放了生产力，大力兴办教育，大搞科技创新，中国这块土地上又起了翻天覆地的变化，加快了由大国迈向强国的步伐。

纵观几千年历史，我国的科技进步、国力提升、人民生活水平改善幅度最大的时期是中华人民共和国成立后的几十年。当然，这期间也走了不少弯路。由于我们起步晚，起点低，所以与发达国家相比还存在较大的差距。很多行业的核心技术我们还没有掌握，包括生物工程、智能制造、太空技术等领域。我们应以民族、国家为重，潜下心来，脚踏实地，真正地去认识自然，科学合理利地用自然。我们不能受传统观念的约束，不能受社会舆论的影响，要大胆设想，奋力开拓创新，要在自然科学上有新的发现，在技术上有新的发明，在材料上有新的创造，在能源上有新的突破。我始终坚信，有中国共产党的正确领导，一定可以把中国建设得更加富强。

3. 榜样激励着我们

在我身边就有这样一位为此奋斗的人，他就是原航空航天工业部部长林宗棠。他长期参与国家重大科技项目，抓重大技术装备。

在20世纪90年代初，国家做出了自行研制中等推重比发动机的重大决策，党和国家领导人刘华清副主席亲自抓、直接抓。他像过去抓"昆仑"和"太行"发动机一样，多次到现场听取意见、指导工作，我有幸多次陪同。他天天工作到深夜，一边听，一边记，一边问，一边指点，真是亲力亲为，我深受教育和鼓舞。

抓中推的另外两位领导是林宗棠部长和空军的林虎副司令员，他们抓得更具体，更仔细。零部件设计、试验件原材料研制、加工制造、试验器设计制造、试验标准以及各项经费，每项工作都要落实到相关人员。有一年在西安召开中推工作会议，宗棠部长亲自主持，每个参会单位的负责人直接领取军令状，并对工作进度及工作质量签字画押。我在会上做了工作汇报并表示将坚决完成

榜样激励着我们

部下达的中推研制计划。大会结束后，我离开会场前往火车站。到火车站后，突然部机关来了一位同志把我拽上了他的车，然后神情紧张地对我说："出大事了。"我感到奇怪，便问道："什么大事呀？"他说："快上车吧，车上跟你说。"上车后他继续说道："你们各单位领导走后，林部长还是很不放心，把各单位的具体工作人员留下来进一步落实。当谈到你们420厂时，你们那位副生产长说今年中推任务是没法完成的。林部长听了火冒三丈，一巴掌拍在桌子上，茶杯直接从桌

上掉到地上碎了，大声说'快去把小段给我叫回来！'。"

　　我到了会场后，现场气氛依然很紧张。我开口说："报告部长，我到了。我在会上向您汇报的、向您保证的是一定能完成的，副生产长说没法完成，是因为他权限和措施有限所致。由于接任务时间很紧，我的想法还未与他们商量。我一直是在部机关抓发动机生产和研制的，我知道该如何抓……"接着，我更详细地向宗棠部长一一做了汇报。听完后，部长说："看来你是把问题讲清楚了，望你们能按此落实。"

　　年底圆满完成了生产与新机研制两大任务，宗棠部长带领部党组成员并邀请省市领导来工厂举行祝捷大会。后来中推项目由于种种原因下马了，但三位领导带领我们构建的无私奉献、为国拼搏的"中推精神"将永远激励后人去继续奋斗。

　　现年93岁高龄的宗棠老部长仍对科学研究和科技创新保持着浓厚的兴趣，离开一线岗位后迷上了3D打印技术。前几年到部长家发现他在研究企业管理、绿化环保、练书法，讲的是万吨水压机、电子对撞技术和长二捆由来的故事。这几年到部长家谈论的全是3D打

印，看到的全是3D打印机及其原材料和产品，部长还按生肖每年打印一个动物并签名送给我。

宗棠部长作为国家高级领导干部，一生致力于科学技术进步，孜孜不倦、如痴如狂，在国家多项尖端科学技术项目上做出了重大贡献。他曾身患多种致命疾病，仍能坦然对待，现如今92岁高龄对科学技术进步仍一如既往地执着追求，真令人崇敬。唐代魏徵说"以人为镜，可以明得失"，如果人们都以宗棠部长这种精神来从事工作，从事科技活动，何愁祖国不会早日强大。

4. 返回初衷，实现梦想

我最初提出"三个永无止境"的观点是想引导全厂同事重新去认识工厂，改变工厂，从而救活工厂。让员工看到自己的智慧与劳动能创造美好前景，能安居乐业。经过全体员工的共同努力奋斗，工厂起死回生，三年内成为四川省（含重庆市）工业十强企业。为此，1994年10月12日，四川省委专门推荐我接受了江泽民总书记的亲切接见。荣誉并不属于我个人，而应归于全厂2.4万名员工。我只是想说明"三个永无止境"的观点对我个人而言是人生必走之路，也是能成功之路。对我所处的群体而言，以这个观点作指引，加之相关措施，也是能使事业获得成功的。

5. "三个永无止境"可看成我的世界观

一说到世界观、人生观、价值观这"三观",人们会认为这是哲学家研究的问题,庞杂而模糊,高不可攀。然而纵观今古,横视中西,"三观"并没有一个统一的认识。国家不同,民族不同,时代不同,社会不同,文化不同,倡导不同,"三观"就大不相同,因为"三观"不光是靠读书学习就能形成的,更是靠自己在生活、工作实践中摸爬滚打,千锤百炼逐渐形成的。相比之下,理论就显得不是那么重要了。

我认识到的世界观就是一个人对世界的看法,包括对天、地、人的看法,以及它们间的相互关系,以及个人的定位和应该起的作用等。个人应该以正确的世界观为指导为推动世界进步而尽力。我深受唯物论、认识论、实践论的影响,认为世界在本质上是物质的,是客观的,物质决定着精神,精神是物质在主观世界的反映。世界上的事物不是彼此孤立的,而是相互联系的;不是静止不变的,而是运动发展的。这与我在实践中逐渐形成"三个永无止境"的观点正好吻合。

这些是我对自身在世界整体中的地位和作用的看法,也是我认识、利用自然所遵循和采用的方法,在今后的人生路上还会不断践行与升华。

心芯相印·不忘初心

二

三个客观对待

"三个客观对待"是客观对待事物；客观对待自己；客观对待他人。这是我在一次与朋友的交流中，谈到怎么评价人的道德品质时提出的。

做人必须讲道德，只有好的道德才能支撑自己，成全自己。人生活劳作在大自然中，只有靠道德才能与之和谐共生，代代相传。人生活工作在社会中，是靠道德维系着相互间的正常关系，和睦共处。人是社会的人，都面临着与环境的各种关系。为了处理好这样的关系，人们就必须建立起一系列的道德规范，在此基础上去调整人与人之间的关系，维护健康的社会秩序。其中最主要的是要处理好个人和个人、个人和社会、个体和整体之间存在的各种关系。

　　《大学》一书的开头就是讲格物致知，诚意正心，修身齐家治国平天下。人的基本道德品质就是诚意与正心。诚是百德之源，是宇宙万物和谐共生之本。正心就是要守住诚意，符合客观。"心"这个字很有意思，它上面是三个点，这三个点是心心相连。左边这个点对待事物，就是要格物致知诚意；中间这个点对待自己，自己的心一定要正，把它放在正中；右边这个点对待他人，如何齐家治国。正心就是心正，心正就是要客观对待事物、客观对待自己、客观对待他人。正好与"三个客观对待"相呼应，也正好说明人的道德与其心紧紧相连。

　　讲品德就得有个标准。不同的时代、不同的社会背景、不同的地域文化会产生不同的道德标准。人的道德品质是以他所处的地域社会文化背景为前提的。文化是民族的血脉，是民族的生存活动方式。文化塑造灵魂，文化改变心灵。政治生活、经济生活、文化生活是支撑一个民族和国家的三足，三足鼎立，缺一不可。

　　每个民族都有自己的文化，这种文化基于人们共同的生活方式和价值认同。人们以这种文化规范行为，衡量自身的道德水准，在这种文化背景下生存、发展。

中华文化传承数千载，蕴藏着丰富的哲学思想、人文精神、教化思想、道德理念，要后人明大德、行公德、严私德。传承弘扬好传统文化的价值基因，我们民族就有了无比磅礴的凝聚力和无比坚强的意志力。

儒、释、道是中华传统文化的重要组成部分。它不是指被封建统治者异化了的儒、释、道文化，而是指具有原教旨主义的中国文化内核。做人的道德格调、治国的仁心法度均蕴涵在这种传统文化之中，它一直教育和温润着华夏子孙，是中华民族文化的宝贵财富。但我们也应看到其中有封建的、过时的成分，要去其糟粕，传承精华，并发扬光大。此外，还应借鉴国外优秀文化，但需谨防淮南之枳。

毛泽东思想、延安精神、共产党人的作风是社会主义新文化的重要组成部分。社会主义新文化既是传统文化的继承与优化，又是新时代哺育与创建的新文化，代表着这个时代的先进文化，几十年来培育了一代又一代新人。这是历史事实，也是客观存在，应该用这个标准来衡量和规范人们的道德品质。当然，文化属于上层建筑，它会随经济基础发生变化，也会受政治环境的影响，但一定要保证其先进性。有先进的文化，才有先进的人民，才有先进的民族与先进的国家。

我们生活在社会主义新时代，就必然要按新文化的内涵和与之适应的道德规范去生活，否则就会误入歧途，掉进深渊。虽然在高尚的品德要求上不可能面面俱到、十全十美，但必须保住遵纪守法、不损公肥私、不损害他人利益等做人的底线。在此前提下就可以充分发展自己的个性，大胆工作，快乐生活。

（一）客观对待事物

所谓客观，就是存在于我们主观之外的一切事物。事物有其发生、发展的自身规律，是不以我们的主观意志为转移的。客观对待事物就是要正确地认识客观，并遵循客观。

1. 认识客观

人的能力包含认识能力和办事能力，其中认识是第一能力。认识不符合客观实际，办事必然出错。在人与人的交往中，几句话就看出了一个人的水平，就显示出了人与人之间的差距，高见者受人崇敬，被人刮目相看。认识能力也是驾驭局面的能力，认识能力有多高就能驾驭多么大的局面。

事物有自然事物与社会事物。人们每时每刻都在认识事物，只有认识了事物才能去处理事物，其中的关键是对事物的认识要力求准确，就是要符合客观实际，看到事物的本来面目。

认识事物应从源头开始。如认识自然事物要从公理、定义、定理开始，认识社会事物要从其发生、发展开始。从头看到尾，才能看到全面，看到主流，看到重点，看到事物的本质，以免真假颠倒，本末倒置。

事物的发展都是向对立面转化的，好事可以引发出坏的结果转化成坏事；坏事也可以引发出好的结果转化成好事。祸福相依，利害相随；塞翁失马，焉知非福。要尽可能地不把好事变成坏事，也要尽可能地把坏事变成好事。在取得成绩时要戒骄戒躁、谦虚谨慎、艰苦奋斗，才能取得一个又一个的成就。在失意落魄时要看到光明的前景，要振作勇气、坚定信心，不被眼前的困难所吓倒。"莫道浮云终蔽日，严冬过尽绽春蕾"，要勇于冲破黎明前的黑暗，迎来光明温暖的明天！

（1）通过学习与实践认识事物

知识来源于学习与实践。向大自然学习可以获得自然科学知识，向社会学习可以获得社会科学知识。获取知识的渠道首先是学习，向家长学习，向老师学习，向他人学习，在工作、实践中学习。一个人从上小学、初中、高中，到上大学，有的还读硕士、博士，从学校毕业进入社会已是22岁，甚至27岁，然后在工作、生活中还得不断地学习。活到老学到老，这是时代对我们的要求。

"学习"这个词包含"学"与"习"两层意思。首先是学，一切从学开始。学后要习，习就是复习与实习，其中在实践中实习更为重要。在习中去思，去辨，去领会，去体会。只有通过反复地学与习才能真正掌握知识，才能客观认识事物。

重学而轻习就可能成为眼高手低的书呆子。

我有幸上了几年私塾，一年半小学，六年中学，五年大学，可以说读完了当时工科的全部基础课程和苏联的专业课程。后又在英国实习，在中央党校学习了一学期。求学之路虽然艰辛，但确实奠定了我一生的知识基础，这是认识客观、认识事物的第一步。后来进入工厂，发现那才是知识的海洋，引起了我极大的兴趣。我用学校学的理论知识指导工作实践，并在实践中如饥似渴坚持不懈地继续学习，才真正认识了工作的客观实际，才成了自己的知识。我用这些来之不易的知识，克服了一个又一个困难，解决了一个又一个关键难题，令人欣慰。

随着社会生产力的不断发展，社会事物日趋多样，社会分工日趋细微，社会结构日趋复杂，社会控制的手段也随之越来越丰富多样、准确及时，各种法律条文日趋具体化、精确化。这就要求我们不断学习，提高认识的客观性、准确性和系统性。

（2）要以良好的心态去认识事物

看待事物不能带或少带主观意识。往往心态好看到的事物就好，心态不好看到的事物就变了样。不能造成看的事物在你的心目中产生畸变，否则会误你的大事。要看主流，多看阳光面，事物总是美好的，事物总是发展的。事物是我们生存的条件，事物美，我们的心情、生活自然就美了。

要善意地看我们的民族和国家。我学习一些历史，感受五千年的文明史，深感中华民族之伟大。我跋山涉水，走遍祖国的大江南北，足迹印在了山川、湖泊、沙漠、草原、城市与农庄，深感山美、水美、田园美、人美、祖国美。眼看着风调雨顺家家乐，国泰民安处处兴，我打心眼儿里更加爱我中华。

（3）要以一颗好奇心认识事物

自己要永远接地气，始终处在调查研究之中。要对事物，特别是新生事物感兴趣，像孩童一样充满好奇；要善于不耻下问，不懂就问，打破砂锅问到底，直到明白；要善于观察事物及分析事物，了解其究竟，抓住其本质；要善于与人交流探讨，从中可得到很多情况与信息，也可听取各种意见，尤其是不同意见，以丰富和提高自己的认识。

人们不可能也没必要去掌握一切事物的各个方面，只是需要在与自己活动相关的范围内去认识客观事物。认识也不可能完全符合客观事物。这是因为客观事物的主观反映与客观事物本身总是有差距的，差值越小，我们的认识程度就越高，反之亦然。不带私心杂念，少带主观意识，不固执己见，可以使自己的认识尽量少产生偏差。

辩证唯物主义、历史唯物主义、矛盾论、实践论教育我们的内容就包含着如何客观认识和对待事物。这也是我们党从胜利走向胜利，不断取得革命与建设事业成功的关键。

客观地去认识工厂

我去成都420厂任职时，刚开始仍然由原代理厂长主持日常工作。我用了三个月时间走完了工厂的每个单位、每个部门，包括全部宿舍区，见了上万名干部、员工与家属，广泛而充分地、耐心而虚心地听取了方方面面的意见和建议，向员工学习，认识工厂，了解工厂。包括对社会主义市场经济的认识，生产经营的体制与机制，总厂、分厂、车间班子的状况，生产经营中的产、供、销、技、劳、财、企业文化、员工收入水平及住房情况等等。经分析、归纳、整理，召开党委会、厂务会讨论通过后，进厂三个月后的一天在工厂俱乐部召开班组长以上的千人干部大会，我代表工厂党、政、工做了题为《振奋革命精神，三年走出困境》的报告。这是共同认识工厂客观实际的报告，是一副治理工厂的较好丹药，因此得到了大多数干部、员工的认同。认同就能道合，道合就能共同奋斗。我当了55个月的厂长，一直是按这个报告带领员工奋斗拼搏的。

2. 遵循客观

认识客观是为了遵循客观。认识客观靠知识、阅历，靠调查研究、实事求是的作风。遵循客观首先靠自身品行，这就要按自己认识到的客观实际去对待要处理的事物。不搞唯心的，虚假的；不要有私心杂念，要坚持正确的；不受别人左右，排除各种干扰，不偏不倚，不走极端。总之，不审时度势，则宽严皆误；不遵循客观，则左右皆错。

客观认识事物，认识到必须遵循的外在客观实际与客观规律以及社会规范，将自己的心灵、思想与天地相结合，与大自然相结合，与做人做事相结合，这样在实践中就会从内心里对自己产生约束。这种认识与实践的结合，遵循与约束的结合，能使人达到较高境界。

社会上有数不清的行当，每个行当都有自己的专业技术，办事之道。隔行如隔山，行行都有自己的绝招，都有自己的成功之道。治国有治国之道，务农有农道，做工有工道，经商有商道，打仗讲兵法。道和法就是客观，就是规律，遵循才能成功，悖逆必遭失败。

客观对待航空发动机事业

我是学航空发动机专业的，学习时就是认识航空发动机，了解航空发动机。毕业后一直从事航空发动机的研制工作，就是遵循航空发动机及国家的客观实际做好自己的工作。

中华人民共和国成立后，国家非常重视航空事业，先后组建班子，建立机构，建设航空设计研究所和几个大型发动机制造工厂，创办不少航空技校、中专及大专院校培养专门人才。20世纪七八十年代，还从英国罗罗公司购买斯贝涡轮风扇发动机专利，从法国透博梅公司购买阿赫耶涡轴发动机专利，从而较快地从测绘仿制，改进改型走向自行研制。从20世纪80年代开始研制的涡轮喷气发动机"昆仑"，涡轮风扇发动机"太行"已设计定型列装部队。

世人说我国的航空发动机落后，这是客观事实。我国的航空发动机起步晚，起点低，与先进的外国技术不在同一条起跑线上。其实我国不少行业的核心技术均是如此。落后是相对于欧美发达国家而言的，与发展中国家相比我们还是较为先进的。

我们在几十年的艰辛历程中积累了极其丰富和宝贵的经验教训，走完了预先研究、预先发展、核心机研制、验证机研制、原型机研制及型号派生发展、自行研制航空发动机的路程，以后的路应该好走得多了。

研制先进的航空发动机一要靠国家强大的经济实力，要舍得投入，加大投入；二要靠国家的先进科学技术基础，切实提高国家科技实力，并应用于航空领域；三要有体现国家意志的战略决策与规划，有关部门必须贯彻执行，在型号上与下的问题上，务必慎之又慎；四要有足够数量的高素质的领军人才和各类专业尖子人才以及技术工人。原有的航空技校、航空中等专业学校如今已不复存在，部分航空学院也变为综合大学，专业院校的减少是要设法弥补的。人不光要有才干，同时要有民族志气与精神。几十年来我们有了一支坚强的科技队伍，只用了二三十年时间，只花了三四十亿人民币就自主研制出了较为先进的"太行"涡扇发动机。这是我们的家当，是最为宝贵的财富，应倍加珍惜，发扬光大。我在珠海举办的第12届中国国际航空航天博览会上目睹装配矢量发动机的歼10B的飞行表演后，激动得热泪夺眶而出。不少人赋诗赞美飞机先进的机动性和人民空军高超的飞行技术。我是这样回复网友的："我们不能忘记以张恩和（'太行'发动机总设计师）为代表的研制发动机的人们，他们都是一些牛，是孺子牛，是老黄牛，是值得学习的牛，是受人尊重的牛，是较为稀缺的牛，是人们不能忘怀的牛，他们才是真正的牛。"可以这样说，建设一支技术过硬、忠心报国的航空发动机专业队伍是航空发动机发展的第一要素。

（二）客观对待自己

"三个客观对待"中客观对待自己最为重要，能把握住客观对待自己，那么客观对待事物、客观对待他人就好处理了。

1. 树立自己的人生目标

人活着真不容易，要在复杂的社会中工作与生活，要经历无数的酸甜苦辣。人生恰似山峦，起伏一波接一波，不管是阳光灿烂，还是阴云蔽空都要去对待，都要活着。

人们总是在思考为何而生？为何而活？每个人都想活得有点意义，活得灿烂一点，只是要求不同而已。

我永远不会忘记《钢铁是怎样炼成的》一书中奥斯特洛夫斯基写道："人生最宝贵的是生命，生命属于人只有一次。一个人的生命应当这样度过：当他回忆往事的时候，他不会因虚度年华而悔恨，也不会因碌碌无为而羞愧。这样，在临死的时候，他能够说：'我的整个生命和全部精力，都已献给世界上最壮丽的事业——为人类的解放而斗争。'"这也是我一生矢志不移的追求。

人都有不同的人生，有的平凡，有的绚烂。正如百花园里的花，不管是"凌寒独自开"还是"百般红紫斗芳菲"，都要绽放出自己的颜色，散发出自己芳香。夜空里的星星，不管在苍穹的哪一方，不管亮度强或弱，都要发出自己的光芒。哪怕不是星空中最亮的那颗，但是发出了自己的光亮，和周围的星一起共同构成了无比绚烂的星空。

2. 摆正自己的位置

每个人在某一时期都处在某个特定的位置上，有家庭里的位置，社会上的位置，工作中的位置。按道德标准做人，按位置的职责做事。父母教育好子女，儿女孝敬好父母，工人做好工，农民种好地，商人经好商，教师教好书，学生读好书，军人打好仗，做官为好民，等等。言论、举止与行为要与自己的位置相一致，要在自己的位置上勤奋工作，敢于负责，勇于担当，发挥好自己的作用。这是对自己的基本要求，应客观对待。

要摆正位置就要正确选择自己的人生道路。每个人都有所谓的天分，有长处，有短处，这些都是与他人相比较而言的。要把握住自己的天分、长处，在这些方面去规划人生，定位自己的职业。比如未成年时，是选择上学、务农、做工还是当兵；比如选择读书专业，是选择理工类还是艺术类，都应以自己的天分、长处、兴趣、爱好而定，这样才能真正做到扬长避短。不少人在选择工作岗位时不经过慎重考虑，去从事与所学专业知识不相关的工作，开始就定错了位，既浪费了青春，后面干起工作来又缺乏知识。常言道，"天生我材必有用"，要充分利用好自己的天生之材，才能在所从事的领域里得心应手。

一个人一生中的位置是经常变化的，不同位置有不同的要求，要与之适应。如果不适应新的位置要求，还是老的做法，那即使以前是用对的方法做了对的事情，现在也可能变成是在用错的办法做错的事情了。所谓"审时度势""情随事迁"是也。

摆正在工厂工作时的位置

我曾在宣布任厂长的大会上承诺：不为名，不为利，把自己当成一个普通员工，并甘当员工的公仆。

我一直住在工厂大院的招待所，吃在工厂食堂，拿着饭碗到食堂与职工一起排队用餐。忘记了节假日，甚少回京与家人团聚，一头扎在工厂里，与大家日夜奋战。

工厂实行全员劳动合同制时，我坚持把工资关系从北京转到工厂，与工厂签订了劳务合同，从国家部委的司局长变成了工厂合同工，按工厂的规定领取工资。我在1994年的职代会上承诺，到当年底每位员工全年收入一定要达到五千元以上。年终时，这个目标终于实现了。我自己当年的工资是六千元，当时主管工业的副省长多次提出，我可以拿员工平均收入的几倍，我没有答应。我认为在那个年代，干部和员工的收入差距过大会影响大家的积极性。虽然在后来社保退休金上少得让人不能相信，又失去了高干医疗待遇，但我从没后悔过，因为我自感实现了做员工公仆的心愿和就任时立下的誓言。当然这是在20世纪90年代国企转型最困难时我自己的特殊作法，现在已经时过境迁了。

在那个年代，这样的现象是普遍的。许多工厂的领导和员工都是如此，不计报酬，无私奉献国防事业。

3. 一生都要靠自己

"君子求诸己，小人求诸人。"是自己在做人做事当然只有靠自己。

（1）要自立自强，自己的事情自己做主，自己对自己负责。靠自己不是不争取或不需要外界帮助，即使有外部条件帮助你，支持你，最终还是要靠自己的努力。

靠自己的勤劳俭朴做事与生活。勤劳与俭朴是立人之道，持家之本，勤劳创造财富，俭朴留住财富，什么时候都不能丢。造成收益与生活水平差异的除了天灾人祸、生疮害病外就是是否勤劳与俭朴。多数富有者都是靠勤劳俭朴起家的，长期勤勤恳恳节衣缩食的结果，所以才有"天道酬勤"的公认道理，反之亦然。那些好吃懒做、不学无术之流，往往穷困潦倒。现在生活条件好了，生活水平提高了，但仍需坚持勤劳俭朴。资源总是有限的，既要创造资源，也要节约资源。

在谈俭的同时，不能忽视节约时间。时间是一个人最宝贵的资源，用它可创造出各种各样的财富。不少人在吃喝玩乐上花了太多时间，真是可惜。

（2）要自尊自爱。自尊才能受人尊重，自爱才能增强必胜的信心。爱自己，宽容自己，不要跟自己过不去。人人都会犯错误，这就需要学会宽恕自己。不管你过去做过什么不好的事，先真诚地忏悔并保证不再犯，然后宽恕自己。内疚是沉重的精神枷锁，不会让你有所作为，相反会拖累阻碍你成为面貌焕然一新的人。不能把爱自己等同于自私自利。仔细体会就会发现，你如果对自己不喜欢、不满意，就会很容易生出自卑心，甚至是嫉妒心、怨恨心，就不会精神抖擞去生活与工作。自己也是众生中的一员，爱众生的同时为何把自己排除在外呢？

人生不要好高骛远。学习的目标定得太高，事业的目标设立太大，生活追求美满，自己就会承受过重的精神和经济压力。善待自己，学习、工作和生活就会变得自如、洒脱、愉快。

（3）要自我审视，要常审视自己在所处位置上所作所为的对与错，常评估自己的优点与缺点，长处与短处。虽然人可以从错误中获得成长，但我们要力求不犯错，少犯错，要做到"不二过"。孔子的学生曾参说"吾日三省吾身"，能自省的人是智者。要在自省和沉淀中过滤自己，怀着一颗干净、谦虚、平和的心，在大是大非或平凡小事前都能保持头脑清醒、泰然自若。

4. 既要淡泊名又要淡泊利

"上善若水，水善利万物而不争""夫唯不争，故无尤"。不争不夺，就没有灾祸与困扰。

名与利是人人所追逐的，人人都想拥有。名是成就感、自豪感。古今名垂青史的英雄比比皆是，古有精忠报国的岳飞，有留取丹心照汗青的文天祥；今有抗日血战以身殉国的张自忠，有救民于水患的抗洪英雄李向群。所谓功成名就，就是有功才有名，功劳越大名声就越高。

上善若水

利也是人人所追逐的。"天下熙熙，皆为利来；天下攘攘，皆为利往"，这是司马迁在《史记·货殖列传》中给我们留下的千古名句。从某种程度上来说，利包括金钱、权势、色欲、荣誉、名气等带来的快感，但凡能满足自身欲望的事物，均可成为利益。利依附欲望而生，而人的基因确定了欲望的存在，组成社会的基本元素是人，就不可避免地出现了：阶级、阶级矛盾、政治、战争……历来人们对这句话褒贬不一，但我认为这句话道尽了人的趋利性，趋利性就是人的诸多本性之一。

有人会说，我就是一个小老百姓，干吗要去追求名与利？只求达到酒足饭饱、家人平安等基本的生活水平，这无可厚非。但是，如果所有人都这样想这样做，那么这个社会是不是少了许多生机？都有如此满足感，那社会如何进步呢？名与利相辅相成，由名可获利，因利可成名，处理得当，由名获利能双收；经营偏颇，因利致名难两全。

无论是名还是利，都应该靠自己的勤劳、智慧和正当投入而获得。做任何事情的出发点不应该主要是为了名与利，更不是为了无限制地追求名与利。名利是与功德联系在一起的，是组织、是社会、是人民给予的。为争名夺利而走歪门邪道是不会有好报的。为名而死、为利而亡的事例经常可见。淡泊名利才能无畏无惧，心灵干净，心态平和，坦坦荡荡过好一生。

人得到应得到的一切，而不是想得到的一切。"应"字很有深意。值就应，不值就不应。值得值得，有"值"才有"得"。我们每个人修造命运的过程，就是提升自身价值的过程，"值"了，自然会"应"；"应"了，自然有"得"。从"值"到"应"，从"应"到"得"，这是一个水到渠成的过程。

农历2018年底回家过年到我小女儿家，在与外孙女聊天时，我说"芇芇好乖呀，不与小朋友们争高低，争输赢。"她慢条斯理地应声说道："世界上本来就没有高和低，是与非。"我愣住了。我对她妈讲，10岁的孩子怎么能说出这样的话呢？她妈说她有时就冒出这样一两句连大人都费解的话来。我心中十分欣慰，真是后生可畏啊。

母亲的教诲

我亲身经历了这样一件事。中华人民共和国成立后不久，川东地区国民党的残兵败将纠集地方武装大肆进行反扑，土匪作乱，杀害共产党员和无辜群众，强抢公粮和百姓财产，叫嚣先攻下江津，后占领重庆。我家周围山上、山下全是土匪，横行霸道，不可一世。

一天，村里轰动起来，有人大喊："乡里的粮仓打开了，快去抢呀！"上下两湾的人挑着箩筐、背着背篼、拿着口袋，蜂拥到吴市场的国家粮仓。这时左邻右舍喊道："段幺娘快走呀，这样的好事你还不去？"甚至有人到家里来拉我母亲一块儿去。我听母亲说道："我们很恨土匪，我们去抢公粮，那我们不就成了土匪吗？不是自己的东西不能要，要了早晚也得遭报应。我们虽然很穷，但再穷这样的事情也不能干。"原来是土匪把粮仓打开了，村里人一窝蜂地跑去哄抢，背上背着、肩上担着、怀里抱着，捡了宝似的高兴极了，唯独我们家没去。

不到一个月，解放军剿匪获胜，回到乡里开展清匪反霸运动，这是我见到的第一次政治运动。每个村都驻有解放军，我们村驻的那个解放军同志是个山东人，姓王，一米八左右的个子，腰带别着手枪，白皙的皮肤，尖尖的瓜子脸，可谓是眉清目秀，如果不是那一身威武的军装，怎么看也像个读书人。他白天走家串户，晚上开会，要大家自觉把抢到的公粮送回去，最后没有一个捞到便宜。全乡还枪毙了不少土匪头子。唯独我们家什么事都没有，也不用去开会。母亲的话果然得到验证，她用自己的言行深深地教育了我怎么做人，影响着我一生。

5. 人要有志气

不争名争利，但要争气。个人要有志气，民族要有志气。俗话说，人活一口气，同样是一口气，活的目标不同，方式不同，气和气就有了天壤之别，人和人就有了高下之分。有的人活得气吞山河；有的人活得气息奄奄；有的人活得潇潇洒洒；有的人活得窝窝囊囊。有的民族屹立世界之林，有的民族受支配和欺凌。气是精神，是意志，是追求，是信仰。

6. 既要谦虚又要谨慎

谦虚与谨慎是一个人做人处事必备的基本素质。因为它可使人少犯错误，少遭灾难，多结交益友，当然更能使人进步。

（1）谦虚是一个人的修养，也是对人对事的态度。一个人是谦虚还是傲慢主要表现在语言与行为上。说话很有讲究，首先是话要少，"多言数穷，不如守中"。知己多说，普通朋友少说，不熟悉的不说。问到时说，没问及时不说。按客观实际说，不说假话、空话、大话，更不说夸耀自己的话，不说他人不是的话；少说负面，多说正面。坦诚与直率要分场所，不能图痛快，要考虑对方能否心悦诚服地接受，否则说的话就无任何意义。当然也不能去说阿谀奉承的话，以免变成小人。

在行为上，要"生而不有，为而不恃，功成而弗居"。要"知其荣，守其辱，为天下谷"，时刻不忘"满招损，谦受益"的道理。骄傲是谦虚的宿敌。人容易自以为是，自我迷恋，特别是在得到认可或者取得成就时，会沾沾自喜、得意忘形，滋生骄傲的心理。这时的自己，就容易站在一个高点以自己的经历和阅历去衡量、评价周围的人和事，这就不客观了。

养成"凡事先找自己的原因"的好习惯，当发生矛盾冲突、出现麻烦事时，先从自身找原因，进而修正自己。绝大部分的不如意事，都有自己的原因在里面，一个人如果欠缺反省自己的修养，意识不到自己的不足，当然就会盯着别人的不足，一味地要求、埋怨别人了。自己思想意识中的不足支配着偏差的言行，就会造成不好的结果。

老子说："自知不自见，自爱不自贵。"有自知之明，不自恃己见。求自爱不求自我表现，不自显高贵。有利时不要不让人；有理时不要不饶人；有能时不要嘲笑人。太精明遭人厌；太挑剔遭人嫌；太骄傲遭人弃。不可纵其欲，更不可纵其心，要收敛。

庄子说"虚己以游世"，为人处世，不以自我为中心。若是刻意矫饰，以智者的面目去惊吓别人，自以为有修养而去印证别人的污浊，流光溢彩好像举着太阳月亮行走，到处张扬，必然不能免于灾祸。

（2）谨慎是对人对事的态度与做法，其中关键是做法，对人对事应该谨慎从事，"慎终如始则无败"。语言要谨慎，祸从口出，说者无意，听者有心。行为要谨慎，一失足成千古恨。"得失一朝，荣辱千载"并非是谨小慎微，相反这能使人开阔视野，博大胸怀，在提升自己的同时又有一颗平常心。对于个人名利、进退、荣辱也能超脱。不显富，不露才，不吹牛，不虚荣，高调做事，低调做人，避免失误，免其灾难。

谦虚谨慎的道理人尽皆知，但真正能运用到自己为人处世中的却很少。老司机开车越来越老实，年长者比较谦虚谨慎，其原因就是在多次尝到苦果后领悟到谦虚谨慎这四个字的真意。

老子说："知其雄，守其雌。"知道强大的好处，而自己宁可出现在软弱的位置。水性至柔，故能驰骋天下；风气至柔，故能深入无阻。柔能克刚，是智者为人处世中的一种策略；以柔克刚，是智者为人处世中的一种妙计。柔中带刚，刚中存柔，刚柔相济，不偏不倚，才是智者为人处世的正宗。

7. 要有一个平和的心态

常常有人对我说："你心态好。"甚至有人补充说我有三心：好奇心、孩童心、自在心。我自觉差之较远，还要为之努力。人人都把谈心态挂在嘴边，人人都想拥有一个好心态，但在现实生活中有一个好心态的人并不多见。

（1）影响心态的是内心的患得患失。有生于无，而归于无。从没有东西创造出东西，有了之后不占有，不狂妄，就像没有一样，回到无的境界。其实人的一生就是如此，来时空空，去时空空，想通了自然就心态平和了。世上的人各有专长与短板，勿为一专长而喜，勿为一短板而悲。人人都有得意与失意的时候，得意时淡然，失意时坦然，勿因得意而忘形，勿为失意而丧志，人生不会总如意，亦不会总不如意。福祸相依，利害相随。在危机中找到希望，在顺境中警惕危机。要舍得，有舍才有得，有舍必有得，当然不是为了得而舍，善的初心不能搞错。要得之坦然，失之泰然，随性而往，一切随缘。

我们奋斗一生，带不走一草一木，我们执着一生，带不走一分虚荣爱慕。所有人，无论贵贱贫富，都要走最后一步，最终都将成为宇宙的微尘。

得失、荣辱基本上保持着平衡，对个人得失、荣辱要超然对待，要有临渊履薄的清醒，福祸相依的明智。

（2）影响心态的是欲望与执念。欲望高，则必心乱；执念强，则必苦恼。人人都有好的愿望，希望学习成绩好，工作收益高，生活过得美满，但这要靠自身的本事与实力去支撑。如果自身的条件不具备，得不到自己预期的结果，心态就不会平和；如果再加上执念，一味去盯着结果，那就更加痛苦了；如果再去与别人攀比，就可能活不下去了。平和心态就是清明无念。想得太多，容易烦恼；在乎太多，容易困扰；追求太多，容易累倒。要心不为外物所滞碍，心摆脱了束缚的时候，在这世上的生活就变得自由自在而甜美，生如蚁而美如神。"祸莫大于不知足，咎莫大于欲得。""故知足之足，常足矣。"

（3）影响心态的还有自以为是去对待外界。这也看不惯，那也看不顺眼，怨天尤人，牢骚满腹，这只能使自己活得憋屈委琐。要以一颗善良的心去看世界，去对待世界。只要去掉消极的，克服负面的，保持积极的，发扬正面的，心中总是充满阳光，乐观向上，就会收获一个圆满快乐的人生。

（4）影响心态的还有性情与情绪。性情不好，心态必然不会好。同时要管理好自己的情绪。情绪不光影响心态，还影响生活、身体健康、群己关系、工作等。要努力做到时刻保持一个好性情、好心情。人人都有七情六欲，复杂而纷乱，既难以梳理，又难以控制。古人提出了好的解决办法，就是中和。"喜怒哀乐之未发，谓之中，发而皆中节，谓之和。"当七情六欲的情感尚未发动的时候心是寂然不动的，不会有太过或不及的弊端，当七情六欲的情感发了出来，能按应有状态掌握，就能有所节制，无所偏倚。古人告诫我们要"不迁怒"，不要把自己的怒气发泄到别人身上。如果能将其推而及之，达到圆满的境界，心情就会无限美好。

一份好心情，是人生不能剥夺的财富。人只有在心态放松的情况下，才能取得最佳成果。一辈子就图个无愧于心，悠然自在。心幸福，日子才轻松；人自在，一生才值得！

没人能预测自己一辈子会经历多少坎坷与灾难，我自己也经历了些灾难，举三个例子。

1952年我刚考上江津中学，暑假回家后跟往常一样在家里干农活，成天泡在水里捡谷穗或抓鱼。重庆的三伏天很热，大地似乎快融化在酷暑之中。我原本孱弱的身体终于坚持不住发起了高烧，烧得我神志不清，咽喉痛得说不出一句话来。母亲背我去镇上看了中医，中医一看整个咽喉全是白泡，断定我得了白喉。当时白喉是不治之症，这医生干脆撂下一句"没救了"。当时我已经烧得意识模糊，几近绝望的母亲把家里的门板卸下来，让我躺在了上面，这意味着一切都完了。眼看着我躺在门板上无助地等着死神降临，眼看着一颗母亲的心几乎要被无情的命运击得粉碎，眼看着一切都似乎无法挽回，这时曙光出现了。我们家的邻居钟华山表叔曾学过西医，在镇上开了个小诊所。听说我得了白喉，他既关心也好奇，就来看看。钟医生诊断说我得的不是白喉，而是咽喉炎。如果是白喉，那上下两院的孩子早就被传染上了。由于病拖得太久，造成病情加重，必须要注射三支盘尼西林（也就是青霉素）才能救过来。当时一支盘尼西林的价值相当于50斤稻谷，这对当时的我们家来说是一个很大的数字。母亲不肯放弃这最后的一点希望，东拼西凑借钱给我打了一针。这一针起到了立竿见影的效果，我慢慢地苏醒了过来。

　　1968年我在工厂当产品设计员，一次试车过程中突发的意外事故让我至今都心有余悸。发动机试车时噪声很大，所以要安装在密闭试车间里。每次试车我都要下到试车间去对发动机做些调整，并用手感受发动机振动的大小，判断其是否正常工作。这是最笨的，也是最危险的方法。发动机从开始起动到慢车状态，工作了三分钟，一切正常，操作员逐渐将发动机转速推到额定状态直到最大状态。尽管原则上发动机超过额定转速时任何人都禁止进入密闭的试车间，但是为了保障试车顺利进行，我用双手充当振动传感器，去感受各大部件的振动正常与否。当操作员把发动机推到最大转速时，突然发动机声音异常，手在压缩机机匣上感觉振动越来越大，人都被振动得抖起来了。此时，整个试车间震耳欲聋，尾喷筒喷出异常火花。事发突然，根本不容我考虑。我急中生智，立即向操作间的操作员做了个立即停车的手势。幸好操作员是个随机应变的师傅，随即拉停车。满头大汗的我看着已经停止转动的发动机，心顿时痛了起来。发动机随即被拆下台架，返回装配车间分解检查。天啦！压气机转子的第三节鼓筒已被磨穿3/4，再有一瞬间就将成为两瓣，整台发动机必将爆炸，试车台将化为灰烬，我也将成为肉泥。我的行为赢得领导和全队人员的称赞。邓家琛高工评价说："你真是个不怕死的勇士啊！"对于此次排险，我对操作员一直都是心存感激的，操作员的果断和大胆避免了一场严重事故的发生，也救了我的命。如果出了事故，是违纪事故责任自负呢?还是光荣烈士?这真难说。不管怎么样，我那老母亲和妻室儿女就惨了，不过当时的我哪有时间考虑这些。后来全队人员全力合作，花了近两年时间，一鼓作气顺利完成了此次改型任务。

1993年在成都420厂任厂长时，为了水泥车一根轴的配套，我亲自与五分厂万兴华厂长到德阳协调。我们的车过新都不远，不幸与对面驶来的货车相撞，好在司机小刘处理得当，没有硬碰硬地完全相撞，但车还是被撞出马路，掉下坡去了。令人难以置信的是，坡的半壁上正好有一块大石头，而这个坡上也只有这样一块石头。我们的车就紧紧地被它挡住了，没翻下沟去，我们还能从车里爬出来。马路上围满了人，我听见有人说："好险呀，出了车祸还可以被这坡上唯一的石头挡住，那样的位置是用吊车都很难做到的，这也太悬了吧。不知这几个人前世修了多少福，积了多少德，今天才没有出大事故。"或许真的是上天庇佑吧，我暗自想到。这场险些丧命的车祸丝毫没有阻挡我们前行的步伐。我根本就顾不上什么惊魂未定、心有余悸，留下司机处理车祸的善后工作，连工厂派来的专车都等不及，与万厂长在路上挥手拦了一辆到德阳的客车，匆匆奔赴考察目的地。车祸的小插曲根本就没有影响办事的进度，两天后我带着加工好的水泥车曲轴，心满意足地回到了工厂。

8. 遵纪守法

人要有所敬畏，要遵纪守法，不能做伤天害理的事。治国安邦靠民主与法治。在民主的基础上制定出法律、规章制度，让人人去遵循，社会才能有序与安宁。法律保护着公民的合法权益，又制约着人们的不当言行。一方面自觉地用伦理道德来指引自己遵道守德，另一方面必须用法律强制自己遵纪守法，这在社会主义市场经济大环境下尤为重要。道理是人人皆知的，但违法乱纪的现象也不少见，自己务必倍加警惕。

以上是我如何对待自己几个方面的感悟，当然还有很多很多。它们是在一生生活中逐渐形成的，这就是人生历程，就是人生。所以客观对待自己，就是在炼就人生。

人生在世，就要走人生之路。沿途充满吉凶、祸福与成败。走的道路不同，人生也就大不相同。

人在道中积德与行德，一路都在运化自己朴素的生命，造化生命，本质就是至善。以善对待万物，以善哺育万物。客观对待自己就是正心修善，从而自救避凶，避祸，避失败。不能自作孽，天作孽犹可恕，自作孽不可活。力争做一个明白人，成大器的人，有用的人，不可替代的人，真善美的人。

（三）客观对待他人

人除了自己就是他人，任何时候，任何事情都离不开他人。自己的一切都是由别人提供的，没有他人，哪有自己。既然如此，自己该如何对待他人呢？回答很简单，自己的所作所为首先要考虑他人，为了他人。"天地所以能长且久者，以其不自生，故能长生。"我们都应树立人己两立的人生观，成己成人，互生共生。其实为他人就是为自己，成全他人就是成全自己，帮助他人就是帮助自己。

1. 以善看人

人们在与人交往中大都是有关人的事情，都涉及对他人的一些看法。看人是门学问，可以显示出看人者的素质。看人是看主流、看本质、看品德、看才干、看思维、看智商、看情商、看激情、看一贯表现、看发展。一切都要看到其心。

善意看人，不能随意去揣测别人。看人也反映出看人者的心态，自己的心态不良，看人就不会客观，就走样了。人无十全十美，如同大自然，有高峰势必就有低谷。多看别人的优点与长处，少看别人的短处与缺点。

怀揣一颗善心来看待这个世界，当你善待他人善待这个世界的同时，你会发现你同时也在被他人、被这个世界善待着，你自然会得到这个世界的温暖。

看人是为了学习他人的优点，用他人的长处来办事，或帮助别人克服缺点，弥补他人的不足。看人是为了相交，物以类聚，人以群分，认识了几位好人，结识了几位真心朋友是福气，将终身受益。

当然社会上什么样的人都有，绝大多数是好人，但心怀不轨的人也不少，所以看人、用人要多加思索，结交朋友要谨慎，尤其是要谨防别有用心、阿谀奉承的人，以免受蒙蔽。我常想，为人所用帮人办事是应该的，但要谨防被人利用办不当的事。朋友、合伙人、合资人、上下级反目成仇的例子并不少见。历史上桃园三结义、唐玄宗受骗安禄山这正反两方面的事例都不可忘记。

2. 以德以才用人

人生活在群体里，都有你被他人所用，或你用他人的情况存在。当然自己不要被他人所利用，也不能去利用他人。用人是用来办事，办事就有成败与风险，所以知人善任就成了群己关系中不可缺少的而且是非常严谨的问题。知人善任是以德为先，以才干授予职责，既公平又公正，既成全他人，又成全了自己或组织。当然这时公心是不可或缺的。

先人为后人树立了榜样。上古时期的部落首领都是传位给贤人的。相传，尧认为儿子丹朱游手好闲、顽劣不堪。如果把权力交给贤人，天下人便都可以得到好处，只有丹朱一人痛苦；如果把权力交给丹朱，天下人都会痛苦，只有丹朱一人得到好处。不能拿天下人的痛苦去造福一个人。大家推荐了舜，尧对舜进行为期三年的各种考验和历练，确认舜是一位德才兼备之人，非常适合担任首领后，尧终于放心把部落交付于舜。

夏朝末期的汤认为伊尹是个贤人，三次聘请，终于请伊伊出山。汤把他推荐给国君夏桀，但夏桀不用，伊尹便回到了汤的身边。他辅助汤灭夏朝，后任丞相。伊尹历事商朝商汤、外丙等五代君主五十余年，为商朝强盛立下汗马功劳。伊尹被后人奉祀为"商元圣"。

一个真实的故事

420厂有个基建维修车间，这是个有300多人的大集体。当时，这个单位已经坐吃山空三年了。俗话说，"仓廪实而知礼节"，这里没有效益，人心浮躁，好像人人都满怀怨气，最让人头痛的是这里的纪律十分涣散，风气不正。为找到一个敢于管理、勇于担当的中层干部，几乎搞得我焦头烂额。

最后我把希望寄托到一个人的身上。他是自小随父母从沈阳来援建420厂的第二代。上山下乡运动时到云南支边，在农场虽然勤劳，但表现却不怎么好，缺点也很突出。后来竟被牵连到一桩刑事案里，被抓进监狱蹲了三年。之后才洗脱罪名释放，获得平反。返城后，他被安排进工厂大集体当工人。其父亲退休后，他便接任父亲管理的建筑公司，领导90多人承包工厂的一些建筑项目。

是否提拔这个人，党委会分歧较大。420厂本身就是一个较为封闭的小社会。厂里的人，尤其从东北来的人，对他们家的情况了如指掌，因而讨论起来，各种意见就多。我认真地听着，看看大家在提出的意见中有无自己没有掌握的重大问题。听完意见后发现确实还没有，这就好办了。我说："我们常说用人，用人就是用来办事的。听了大家的意见，都认为治理这样一个单位，他是最合适的。人有优点势必就有缺点，往往优点鲜明的人缺点也是很突出的，我们用人就要用他的长处，注意克服他主要的短处。没有缺点当然更好，但这是不现实的。没有鲜明的个性，是难以办成事的。"最后大家同意由他出任建筑公司经理。实行"二级法人"责任承包制，自负盈亏。

如我当初所想，他真的就把那些别人认为管不了的人管理得服服帖帖。后来在工厂进行住房改革，大修职工住宅时，建筑公司在人力上做出了很大的贡献。他们不仅能够自负盈亏，养活自己，还为工厂创造了一定的经济效益，每年上缴一定的利润。

用人最好要德才兼备，但世上哪有那么多德才兼备之人。用人是为了干事，首先看的是适合不适合干这件事，能不能干这件事，只要品德上没有大的污点就应大胆使用。

3. 宽容相处

"知常容，容乃公，公乃王，王乃天。"知道事物运行的规律，就要宽容，这样就有了公心，就能公平公正，就能兴旺发达，能长久。

在与人交往中要宽容、宽量、宽厚。要气量大，气度大，心胸要开阔，容得了他人。旋马之地，能接纳住他人无数，一定是这个世界上最善良的人。对持不同意见的人，甚至反对自己的人都应如此。

人都有缺点，所以需要彼此包容；人都有优点，所以应该彼此欣赏；人都有个性，所以应该彼此谦让。互相理解才是真正的感情，再好的缘分也经不起敷衍，再深的感情也需要珍惜。

举一个小例子。我在工厂工作期间难免有些做得不够周到的事，这时候当然会有人有意见，甚至反对、诋毁。你是段厂长，给你来个断水、断气、断电；给你来张小字报，揭发你北京家豪华装修；给你刷条大标语，说当月废品损失148420，即"要死吧420"；说某车间主任送了你两瓶二锅头等等。我视而不见，听而不闻，不过问，更不追究，而且对这些人一视同仁。他们这样做有他们的缘由，人都有逆反心理，你得罪了他，他必会找机会报复你。那么大个厂，人人都有自己的利益诉求，不会人人都拥护你。实践证明，这种处理方法得到了多数员工的认同，这些同事也只好罢休了。宽容化解了矛盾，团结了他人，和谐共生。

4. 平等互利

对人要讲平等，互利共生，不应该有高低贵贱之分。职务的高与低，职位的贵与贱，是可以转换的。平等与民主相连，不能将自己的思想、观点、好恶强加于人，否则会适得其反。

人与人之间交往的条件就是互为满足，是双方或多方各种利益的各自满足与平衡，包括谈婚论嫁、交朋结友、买卖经商等。在待人处事中，要处理好对方的要求与利益，用现在时髦的话讲就是互利共赢。

5. 仁爱是本

"仁"字是由"人"和"二"所组成。凡是有了二个人，三个人，你和我，我你他，就必须讲仁。心怀仁念才能爱大自然，爱万物，才有关爱世人的爱心。仁者无敌，是仁者才能爱国家，爱民族，勇担重任，赤胆忠心。

爱字原本写作"愛"，中间有个心字，表示要用心去爱。海枯石烂不变心才是真爱。假爱是欺骗人的，是害人的。

首先要爱自己的家庭，教育好自己的子女，家教重于他教，身教胜于言教。要孝敬好自己的父母和长辈，百善孝为先，连自己的父母都不爱的人，他还能去爱别人吗？

爱是自我约束、爱是敬畏、爱是责任、爱是给予，是急人所难，济人所需。

热爱员工的例子

善待员工就是要充分发挥员工的才干，因人的才干而善任，体现他在群体中的价值，同时增加其收入。在计划经济机制下是无法办到的，那就必须推行劳动人事、工资分配制度改革，实行全员劳动合同制和岗位技能结构工资制。

对机关、生产单位、三产进行组织结构调整，对全厂两万员工重新进行定编、定岗、定员、定责、定薪。引入竞争机制，按照工作岗位公开条件，自愿报名。通过考试考核，先后有12 157名职工应聘上岗。上岗的职工均签订岗位合同，享受本岗位的工资待遇。未上岗的职工实行待岗、试岗或厂内待业。工厂开展多种经营，举办第三产业以及转岗培训，多种途径妥善安置富余人员，富余人员也可自谋出路。对老弱病伤职工，可安排力所能及的工作，或实行厂内提前退养。

岗位技能结构工资制是以岗位工资为主的基本工资制度，体现不同岗位的劳动差别、劳动责任、劳动技能，以及与经济效益和工作量相联系的劳动报酬。实行以岗定薪、薪随岗动的动态管理。实行后工资总额比上年增长20%。

一年半的改革取得明显成效，全厂职工基本按照自身技能、爱好、工资级别选择自己满意的岗位，从而大大地发挥了他们的才干又调动了他们的积极性。改革似乎提高了工厂的劳务成本，但员工创造了更高的价值。工厂没有走所谓"减员增效"的路子，没有裁员，自愿离岗减员的也不多。在20世纪90年代国企最困难时期，在工厂生死存亡的关键时刻，保住了员工饭碗，稳住了职工队伍，使工厂濒死而生。这应该说是客观认识员工，客观对待员工，以人为本，知人善任的结果。

关爱员工，实行房改，切实解决了员工的住房问题

一个大型企业那么多员工，他们依靠谁？谁去关爱他们？在这方面，组织和领导必须要负责担当。而职工们最关心的切身利益一是收入，二是住房。切实解决好这两个大而难的问题，就可以理直气壮地说，善待职工，为两万职工奉献了爱心。

爱心资助家乡小学

我老家在重庆江津吴市，为感恩母校对我的培育，从1996年开始我便每年捐助家乡小学一万元，现已整整二十二年。近两三年不少爱心朋友纷纷参与其中，奖励品学兼优的学生，资助困难家庭的学生，给他们缴纳生活费。同时还为学校完善教学设备，改善老师的办公条件、学生的住宿环境，还创办了无人机活动室、3D打印活动室等，此事在当地影响非凡。

爱心是良心的根基，百爱爱心为本，应培育爱心，献出爱心，过好人生。

6. 以"义"扶正

要讲"义"，它是公正合意的道理或举动，要正义，要有义气。义不容辞、义无反顾、仗义执言、见义勇为。扶扬正气，帮助他人，成全他人。

讲两个小故事。有一次，我与几位朋友在西安一处公园游玩，船在湖中，突然听见湖对面传来小孩的惨叫声。这时候我的同情心又升起来了，想看个究竟，便快速朝那方向划去。上岸后，只见一伙人正用胶皮水管抽打一个十来岁的孩子。可怜的小孩已经被打得遍体鳞伤，一边哇哇大哭，一边哀求着："别打了，别打了，我下次不敢了。"我看见小孩子被鞭打得瑟瑟发抖的惨状，心想这么小的孩子不管犯了什么错，也不至于被这样狠狠地打啊，太可怜了，这些人简直是一点爱心都没有。我最见不得的事情就是恃强凌弱，怎能让这种事情在自己的眼皮底下发生呢？想到这儿，我立即快步上前，伸手拉住了正在施暴的人，要他住手，并与之理论。他们哪听这一套，此时围观的人已经很多了。这些人以干预正常公务为由把我拽上车，去了好像是个派出所的地方。他们说，小孩在公园偷鱼卖，就是该打。我一听这话，就知道这帮人是拿着鸡毛当令箭，根本就是藐视国法。我义正词严地批评他们在光天化日之下对未成年人动用私刑是违法行为，而且外国游人这么多，会造成不良的国际影响。他们哪里听得进去，说我阻碍执法，要关我禁闭。我想这回真是秀才遇到兵，有理说不清了。实在没办法，我只好把工作证往桌子上一放，这时他们呆了。可能是工作证上"中华人民共和国第三机械工业部"的字样和庄严神圣的国徽让他们醒悟过来了，他们马上一改先前倨傲的态度，有点诚惶诚恐地说道："我们错了，多谢您的提醒，今后一定注意执法的方式方法。"我本就是一个心胸开阔的人，没有跟他们计较，只要求他们把那个可怜的孩子放了。执法者首先要懂法、讲法，不要做这样简单粗暴的事情。朋友们着急赶到时，事情已经圆满解决了。

另外有一次回老家正值赶场，街上人潮如流。突然间，人群像被台风刮起一样往西边跑去。只听见有人在喊："重庆恶霸知青来了，打人了！"我一听就朝那边跑去，一把抓住那个正欺负人的小恶霸，对他大声喊道："你把手放下！"这家伙二十来岁，虎背熊腰，一副凶神恶煞的样子。他大约从未在行凶的时候被人大声喝住，竟有点不知所措，呆住了，这事也就作罢。后来，我到乡场上的饭馆与乡亲们喝酒吃饭，大家告诉我，此人是吴市的一霸，想打谁就打谁，谁也管不了。正在此时，这家伙过来了。他拍拍我的肩膀，说道："哥们儿，交个朋友怎么样？"估计他已经知道我的来历，也不敢再找碴儿。话虽然这样说，但我还是不愿意与这种人纠缠不清，吃完饭迅速回家去了。

三国时期的刘备、关羽、张飞三位仁人志士，意气相投而举酒结义成为异姓兄弟，这是人与人之间真诚交心的正义。后来，因为关羽大意失荆州，败走麦城，被东吴大将吕蒙所擒，接着被处死。三弟张飞听闻二哥被害，不听劝阻誓为其报仇雪恨，乱命手下士卒必须三日制办白旗白甲，三军挂孝伐吴，又因酒后鞭打士卒，在醉酒睡觉时被手下将领杀害。刘备也因孙权杀死关羽而愤恨在心，不顾诸葛亮、赵云等人反对，举全国之力伐吴，结果被陆逊火烧连营，兵败夷陵，然后忧劳成疾，身染重病而去世。这样的"义"就已经变质了。

7. 以礼敬人，以诚结友，以信立人

待人要讲礼与敬。言行举止要谨言慎行，要得体，不令人讨厌。自己的言行必然使他人有所反应，要考虑对方的感受，让对方欣然接受才是。知事理，通人情，不伤害，不怨恨，不嫉妒，不苛求于人，不能己是而人非，得理不饶人。不说别人的坏话，不幸灾乐祸，要避祸扬善，要上下无怨，左右无怨。

诚信是一个人最基本的道德品质，没有诚信的人将寸步难行。人生活在社会里，除了家庭，就是组织和朋友。对组织必须要忠诚，忠诚于组织的事业。对朋友要讲真诚。有诚，才有信，诚就是心灵干净，不作假，不作恶，不作坏。

诚实的第一条底线是不说假话。话可以不说，可以少说，但说出的话不管对与错，必须是真心话。年幼时母亲就常教育我，说假话是要被割舌头的，不让我说一句假话。社会上说假话的人经常可见，甚至用假话来坑蒙拐骗，违法违纪。说假话的人，难以在交际圈立信。不说假话，结交了很多朋友，使我终身受益。当然说真话也给我带来了不少苦果和后患，但我从未后悔。20年前深圳一位书法家为我题写："一点浩然气，千里快哉风"，就已经很满足了。

诚实的第二条底线是不做假事。做假事伤天害理，祸国殃民，是罪过，必然会自食其果，付出惨痛的代价。生活资料、

生产资料有假冒的、伪造的、劣质的，而这些假货还能进入市场，百姓怎能放心生活与生产？还有假报表、假数据、假账、假发票、假报功，甚至逃税、漏税、偷税，这将使国家难以对社会、经济、文化等方面进行有效管理。不管利益诱惑有多大，都应以自己的道德为重，守住不能做假事这条底线。由于自己是从事航空发动机这项职业，工作中不允许有半点虚假，天长日久，养成这种性格与品德，这也使我受益匪浅。

诚实是信誉的基础。不说假话，不做假事，别人就会信任你。再加上言而有信，办事可信，信誉就会进入别人的心中，你这个人就立住了。

社会靠诚信支撑，只有人人讲诚信，人人守诚信，人们相互诚信，社会才会文明，才会和谐共生，安定团结，民族才会兴旺发达。

我把"三个客观对待"看成我的人生观，其内涵正好回答了人生目的，人生为了什么；人生态度，人该怎样活着；人生评价，人生价值何在。人的一生其实很简单，就是认识客观并遵循客观；针对客观选好自己的位置；在自己的位置上做好本职工作，为人民服好务。在这过程中热爱生活，热爱工作，有个真性情，乐观向上，享受幸福生活，平平安安过一生。

三

三个办事准则

　　"三个办事准则"即把事情办对、办成、办好。这个观点也是我在成都工作期间提出来的。当时提倡的是：遇事马上就办，而且要把事情办对、办成、办好。这句话最终成为全厂两万多名职工的座右铭。这是精神，是动力，也是工作的程序与标准。对提高员工的素质和工厂的改革与生产经营活动起着推动与保证作用。

　　"三个客观对待"是讲一个人的德，而"三个办事准则"讲的是一个人应具备的才。德才兼备才是一个比较完美的人。

　　"三个办事准则"是办事的目标与要求。任何人办任何事都不一定能办对、办成、办好，但办事的动机要纯正。有时动机比结果重要。要认真对待办事的过程。有时过程比结果还重要。当然把事情办对、办成、办好那更好。

研究做事其实就是研究管理，包括个人的管理、公司的管理、政府的管理、社会的管理等。管理的大师甚多，理论五花八门，书籍比比皆是，但都只能供学习与参考，因为许多管理还没有建立起数学模型。当然，如果有一个各行各业管理都可以采用的数学模型，人们只要学好数学，解方程，统一答案，都是一个解，一个管理办法，一样的管理结果，投资收益都一样，那人的智慧、素质就没有高低之分，人的生活水平就没有大的贫富差别，社会就缺了竞争的乐趣。

我在四十岁左右，总想把发动机科研费的分配建立一个数学模型，公平合理，减少开会扯皮。搞了个五阶方程式，由于各阶前的系数及最后一个常数无法确定只好作罢。正因为如此，管理显示出了如何做事的奥妙。但所有管理研究的核心都是如何把事情办对、办成、办好。要做到这三点就靠管理，要准确地应用管理的职能：计划、组织、协调与监督，它们都要紧紧地围绕管理职能去做。

（一）把事情办对

办事首先是把要办的事情办对。只有办对了，才有可能把事情办成，进而才可能把事情办好，这是无可非议的。但如何办对学问就大了，各有各的理论，各有各的招数。

1. 正确决策

我在实践中体会到，要把事情办对，正确决策是第一要素。

（1）对想办的事情做决策，研究该不该办，是必须要办还是可办可不办，办这件事好还是办别的事更好。可办可不办的，一般是不用办。

对要办的事情，要研究有没有能力和条件办，怎么去办。必须要办的，再难也得办。判断的标准是投入与产出，风险与安全。任何人、任何组织办任何事情都是为了获得好的经济效益、社会效益。那些作秀的、浮夸的、虚假的项目另当别论，因为有私心，不可能是正确的决策，正确地办事。

（2）决策都有风险，没风险就无所谓决策。决策时要关注风险，努力降低风险，规避风险。既然有风险，就可能有失误，应允许适当的失误，不能因怕出错就不敢做决策与决定。

敢于负责，敢于担当，尽力把事情办对，使事业健康发展。

（3）决策是按客观实际、客观规律做出的判断与选择。决策过程就是认识客观、遵循客观的过程。调查研究，集思广益，实事求是，反复琢磨，认真分析，多种因素平衡，多个方案的选择是不可缺少的。这样做出的决策才符合客观现实，才可能是正确的决策。

个人的事自己决策，组织的事集体决策。但无论是个人的决策，还是组织的决策，都要遵循上述原则与过程，要按决策本身包含的内容做决策。绝大多数人都不是领导者、组织者，都要经常对自身的事情做决定。择校、选专业、找工作、择偶、生子、租房、买房、炒股等等，对个人来说都是重要的决定。

组织决策还应强调要符合组织原则、组织程序，民主决策尤为重要。但有时异口同声的决策不一定是正确的，至少不一定是最好的。决策要有多种方案，一种方案不能算决策。经过多种方案的对比，选择反复论证之后定下来的才是决策。

不同的人对同样的事所做的决策往往是不一样的。决策者的阅历、经验、知识、胆识、悟性与灵感度，以及个人品德、民主作风等因素综合影响着决策的正确程度。做决策要靠智慧。智慧就是最高层次的抽象思维和最普通层次处理具体问题的能力。动脑筋，出主意，想办法，想也是做，也是在工作。

（4）做决策是至关重要的大事，必须强调责任，谁决策谁负责。民营企业、私人老板、普通百姓当然是自己负责。集体的事项，如果决策错误造成严重后果就应追究决策者的责任。

2. 战略与规划

战略与规划

决策是决定某件事情该不该做，如何去做，这就必然涉及战略与规划。它要回答办此事要达到的目标以及实现目标的办法、措施及条件是可行的，不是虚假的，也不能留过多的缺口，这就是计划范畴。战略决策离不开规划，规划靠决策来确定。战略离不开战术，战略靠战术来实现。战略是管大方向的，它不能出错，否则后患无穷，既浪费资源，又浪费时间，还会丧失斗志，会造成颠覆性的危机，甚至会使事业毁于一旦。

3. 抓住机遇做对的事情

人们时刻都在寻求机遇。机遇是对客观存在的主观判断，也就是突然遇到的好运气和机会，即有利的条件和环境。有的事情早办也不行，晚办也不当，就在一个特定的时间办才行或更好。在正确时间里去办正确的事情会事半功倍。机遇来了就及时牢牢抓住，做出决策，机不可失，时不再来。

世上不是做什么事都能成功的，你不去"谋"，连成功的机会都没有。因此，不管怎样，人要闯荡，应该时刻寻求机遇，做出决策。抓住好机遇才可能出现好结果。

决策正确与否靠实践结果来检验。我在20世纪90年代初做了55个月的厂长，其间针对企业面临的问题或未来的发展大计，与党政工领导集体共同做出了一些重大决策。如刚到工厂时的"振奋革命精神，三年走出困境"的决策；调整产品结构，恢复军品，军民品、外贸产品共同发展的决策；调整组织机构，调整各级领导班子，培养人才的决策；改革人事制度、薪酬体系的决策；修建职工住房的决策；塑造企业文化，以职工为本兴旺企业的决策等。这当然是在民主基础上领导集体的决策。二十多年过去了，事实证明这一系列决策是正确的，或基本正确的，因为它使这些重大事情办对了，而且都办成、办好了，对工厂起死回生起了决定性作用。

培育人才这件事是办对了

我去工厂时，不少同志不理解：你在部机关工作不错，为什么要去难以生存的工厂？我之所以敢去，就因为工厂有两万多人，人是最宝贵的资源与财富。我去后，首先抓住机遇做出的重大决策，就是选拔各类人才组建各级班子。

用人风险大，要做好调查工作，慎重决定。选拔人才就是知人、认人，通过各种渠道和方式把优秀的人才看准。

培育人才就是按每个人的具体情况采取不同的用法与培养方式。用其长处，力求做到能者居之，人尽其能。一是给平台，必要时给多个平台。二是"无为而民自化"，充分信任，大胆放权，给他们提供一片施展才华的天地。所谓"海阔凭鱼跃，天高任鸟飞"，让他们在实践中锻炼成长。在使用过程中经过实践考验，使知人、认人更加深化，视情况再确定进一步的使用，这样就逐渐涌现出一批尖子人才。

　　通过各种手段和途径来要官的人一律不能给；看准不能再用的人坚决调整；对不顾工厂利益、不负责任的教育处理；犯一般错误的尽力保护；中老年同志不能损害其利益，要同样发挥作用；不过问、不追究过去干部们的问题与错误，只要现在好好工作就行。这就教育了部分干部，团结了大批干部。

　　在知人、用人的过程中要切忌私心，不要怕后人顶了自己，超过自己。顶了自己，超过自己是好事，没有因下级超过自己而吃亏的。也不要有自己的好恶，切实秉公办事，打破陈旧观念，排除多方干扰，克服重重阻力。

　　我上任不到三个月就经集体讨论上级批准，用三位年轻人换下了三位老领导，工厂即刻掀起了千层浪，员工们看到了决心和希望。工厂坚持每年一次大调整，三年就基本上实现了总厂、分厂、车间三级领导班子的"四化"目标，形成了管理者廉洁奉公，干干净净，充满朝气，真抓实干的景象。广大职工对新的干部队伍意见少并尊重拥护，从而工厂一天比一天好，每月按时发放工资，年年完成国家计划，我的愿望基本实现了。

十年前，我们行业的最高领导见到我时，半开玩笑地说道："你在420厂最大的功劳是培养了一大批年轻人，他们现在都是能独当一面、挑起大梁的优秀人才了。如果我们设伯乐奖，就非你莫属了。"

"十年树木，百年树人"，事业的成就是短暂的，而人才的培育关乎事业发展，国运兴衰，才是长远的百年大计。

十年、二十年过去了，我所工作过的地方，一批年富力强的人才正在为祖国的繁荣富强添砖加瓦，这才是我最欣慰的事情。办这件事似乎没有非议，得到大家的认同，算是办对了。

（二）把事情办成

哪怕办的是对的事情，也有可能没有办成而中途夭折。办不成的因素甚多，有的可能是决策本身就错了，或者不完善；有的可能是人力不可抗拒的；有的可能是方针、政策、领导的变故，这些大都是非自身的因素。我们应该关注的是主观上如何千方百计地把要办的事情办成，努力去实现原定的规划目标。

把事情办成

1. 周密计划

办事要有道，就是要有办事的程序与规范，要把程序与规范列入计划，工作按程序开展，做事按规范进行，不能逾越，不可乱套。

要想将事办成就必须强调计划。要把决策中的规划转变为计划，要充分利用资源来办事，人、财、物、产、供、销、政策及信息等是办事的主要资源，要有这些资源做支撑，做保障。把决策时的战略规划与资源运用结合起来，制订出详细、具体、分门别类的计划，让做事的人全力以赴地去执行。计划是行动纲领，是动员令，它能使人万众一心，步调一致，同时也不会犯大的错误，出现大的问题。

2. 合理的组织机构

组织制度要确定是职能制，还是事业部制。机构及行政人员都应少而精，减少层次，减少协调，减少扯皮。要有强有力的组织手段与行政措施，使政令畅通，令行禁止，严格按规划计划行事。要运用组织协调，提倡非组织协调，以提高办事效率。要深入实际，深入基层，用巡视工作法，检查、监控、指导工作。开会成本很高，要少开会，不要指望靠会议解决一切问题。高层领导要少听中间层汇报，要更多听取从事具体工作人员的意见，及时把握住工作的最前沿状况，不断纠偏。

3. 良好的精神状态

在办事的过程中既要按照办事的程序、规范、规章制度来做，不能乱套，又要根据客观情况开拓创新。鼓足干劲，排除干扰，执着追求，百折不挠，突破艰难险阻，直到把事情办成为止。不达目的，誓不罢休。

一个人只要尽力做成自己能够做到的事情，就没有虚度人生。不能原谅的是能够做成的事却不愿意也不屑去做。世上本没有完人，但不脚踏实地者往往一事无成。

4. 依靠两股力量

一是内部力量。办事前把要办的事情给要办这件事的人讲清楚，包括为什么要办这件事，如何去办这件事，能用哪些资源，要达到什么目标，等等。这样人人办起事来心中有数，并能上下沟通，左右沟通，步调一致，协同工作，共同奋斗。

二是外部力量。要把事情办成有时候还要靠"外援"，也就是能帮助我们的人。请人帮忙比自己办事难多了，要看别人愿不愿意帮助你。想要别人帮助自己，首先靠自身的魅力去感染别人，魅力就是谦逊、诚信、良好的精神状态，让人认为可帮，值得一帮。再有就是感情的联络与交往，这并非是行贿受贿，请客送礼，而是多方面关心别人，互相帮助，聊天谈心。遇事能争取外援，得到外援确实也是一种能力与本事。

解决职工住房这件事情算是办成了

"爱以身为天下，若可托天下"，在工厂除了组织员工完成生产经营任务外，必须要为大家办成几件实事。我首先想到的就是员工的住房。

在计划经济年代，军工企业的生产任务是组织安排的，生产出来的产品不进入市场而是直接交付部队使用。工厂经营利润只留百分之五。工资按国家规定发放，住房是国家建造，员工租用。如此，时间久了，住房跟不上人口变化，也跟不上人员增长。老员工有的老少三代挤在一间四五十平方米的屋子里，许多户人家共用一个卫生间、一个厨房。员工都成了真正的"无产阶级"，上无片瓦，下无寸地。我当时走遍了员工住宿区的每个角落，目睹了他们艰辛的生活状况，甚至有一次在走访过程中遇到二楼卫生间的天花板塌了下来，幸好未造成伤害。员工们住房的窘境每每令我痛心流泪，于是暗下决心实行房改，一定要让职工安居乐业。

当时要想房改必须具备两个条件：一是把宿舍区属于国有的千亩土地变成工厂所有；二是要有足够的资金。而资金来源有三种途径，那就是职工、企业、部里各出一部分。这本是件好事，但有不少领导和职工难以理解、想不通：一是说拿不出钱，二是说现住房花的钱少，只交点租金就行。大家不知道这种现状是维持不下去的。

为解决大家的观念认识问题，工厂组织相关干部在大会小会上进行宣讲，通过工厂的电视台天天播放房改的好处，逐步疏通员工的思想，统一了大家的认识。

大半年后，房改方案在职代会上以绝大多数赞同票通过。这是典型的民主决策，是职工为自己的事自己做出的决策。从此420厂的房改轰轰烈烈开展起来。不到一年，职工陆陆续续搬进属于自己产权的新房，无不欢欣鼓舞。多年过去，420厂的职工有了自己的住房，享有了随城市发展而不断增值的私有财产。这在20世纪90年代初的航空工业和成都市的房改中是率先的创举。回过头来看，确实是把事情办对、办成了。

（三）把事情办好

把事情办好就是强调办事的标准和目标，要实现办事的初衷。经常看到事情虽然办对了，也办成了，但不圆满，如质量欠佳、耗时过长、经费超标等。好不好大多是个事后评判，看最终结果是否符合初心。

把事情办好

1. 品德是做好事情的前提

以德哺育万物，办事人要有最基本的道德品质。干工作不光是为了回报，更主要的是在为他人服务，要对他人负责，要对与自己的工作发生关系的所有环节负责。要怀着一颗善心、爱心来从事自己的工作。把工作做好，就是在做善事、在积德。工作不做好，甚至不负责任，就是做恶事，就是缺德。工作必须坚持质量第一，产品和服务必须坚持质量第一，以满足他人的需求。我们都希望购买到价廉物美的产品，享受到优质服务，别人的期望也是一样的。

2. 精神是做好事情的动力

好是无止境的，没有最好，只有更好。做一件事，就要以认真的态度去做成。对工作要精心策划，精打细算。"天下大事必作于细"，做事情要一丝不苟，精益求精，这样即使做不成也没遗憾。人都必须做事，敷衍着去做还是用心去做，都一样要付出精力和时间，与其在敷衍中荒废自己，不如在用心中充实自己。做事如做人，到头来做的都是自己，因为做事的过程就是个人价值自我实现的过程。

3. 才干是做好事情的基础

做事要有专业技能，有才干，匠心营造。社会有各行各业，就有各种专业。自己从事一项专业就应掌握本专业技能，精通其专业技术，并能一专多能。做一名独具匠心、技艺高超的能工巧匠，生产出的产品就好上加好，工作业绩就是优上加优。技能是求生致富的必要手段，也是把事情办好的必要条件。

恢复军品生产这件事情算是办好了

改革开放初期，基于对当时国际国内形势的研判，军工企业纷纷实行军转民，这对军工企业是个严峻的挑战，只有渡过这个难关才能生存发展。我到企业的时候，军品早已停产了，民品又失去了市场。而企业是生产产品的，没有产品企业将不复存在。为此，必须为工厂寻找一条生路。

如此大型的专业航发企业，如果没有军品生产任务是很难改变经营面貌的，同时，没有军品也难有未来。人们首先想到工厂生产了几十年但早已停产的某型涡喷发动机。问题是：此型发动机还有需求吗？需求有多大？能持续多久呢？这个问题决定着我们的未来！

各级干部带领团队昼夜奔波，多方求索，广泛收集信息，反复研究，详细论证。最终，我们估算该型整机和许多零配件的需求足够工厂干十来年。这让我们感到非常兴奋！

随即开始在全厂内部进行调研，了解主要的科室、分厂、车间，恢复这条生产线所需资金投入和所需时间。结论十分可喜：只需要半年即可出整机。

至此，工厂下定决心，坚决恢复该型航空发动机生产！

这个方案面对了各种各样的意见。有不少人说："恢复原机种的生产是将工厂引入歧途。已经淘汰了的、过时的东西没有必要再捡起来，恢复它就是开历史的倒车，根本没有前途可言。"更有甚者出言相讥："恢复老机种的生产，就是断了大家的活路，真是个'断'厂长。"不过多数员工是赞同的。

幸运的是这一想法得到了党委和工会的赞同，最终通过集体决策，恢复军品生产线。这是工厂在生死攸关时刻做出的重大决策。

我们广泛争取所有可能的支持，到总装备部、空海军要订单、定价格、争取预付款，向当地银行申请贷款。由于这个方案得到各方认同，加之我们的言行感动了大家，顺利地得到了所需的资源。

工厂全力以最快速度建立人、技、财、物、产、供、质等系统，迅速恢复了已停产三年的生产线。"贵以身为天下，若可寄天下。"各级领导不分昼夜地扎在分厂、车间、工段里，与员工们面对面地接触和交流，及时解决各种疑难问题以及员工们的诉求，亲密无间共同奋战。广大员工看到了希望，发挥自己最大的积极性，按质、按量、按时完成了厂里交付的生产任务，而且自此以后，出厂使用的发动机没有发生过重大质量事故。

员工们说，想都不敢想的事想到了，就是敢想；原本完成不了的任务完成了，就是能干、敢干。1993年年底，当全厂超额完成生产经营任务时，员工们自觉地高举彩旗，敲锣打鼓，载歌载舞地在工厂生活区举行了上万人的盛大游行，这可能是空前绝后的吧。我也走在队伍里，和大家共同享受胜利的喜悦。在游行队伍中，我一遍遍思索着，为什么会有这种胜利的喜悦？这应该是我们做出了正确的决策，顺应人心的结果。这也是我们能够率先垂范，不辞辛苦地去实现目标，团结大家万众一心的结果。员工的积极性是无穷无尽的，能量的潜力是巨大的，只要把员工的积极性和创造性调动起来，什么人间奇迹都能创造出来。我深感工人阶级太伟大了，我在内心深处一遍又一遍地高呼"职工万岁"！

年末，部里、省里、市里的一号首长来到工厂，共同庆祝420厂起死回生的变化。恢复军品，支援了国防建设；救活了工厂；留住了军品这个根，保证了工厂的健康发展。这算是把事情办对、办成、办好了。

对一个单位来说，不同层次的管理者关注"三个办事"的重点不一样。高层领导主要抓战略问题，重点是要把事情办对，寻求正确的生存发展之路，抓住机遇，对重大事项做出正确的决策，包括机构和人事决策。同时，把要办的事情条理清晰地传递给相关人员，为什么要做此事，如何去做此事，要达到怎么样的结果，使之能理解领导的决策意图，并把事情办成、办好。

中层管理者的主要责任是贯彻执行领导的决策决定，组织好员工，利用好资源，控制费用，把握工作进展状况，及时反馈信息，从而把事情办成。他们既是领导又是下属，既要按部就班严格执行上级领导的决策，又要灵活机动地调整局部战术，制定相应计划，并组织实施。既要有履行上传下达的管理能力，还要不遗余力地做好宣传教育，激励员工做好本职工作，在不断"深化、优化、细化、程序化"各项工作流程的基础上，对员工进行规范化、具体化管理。

基层员工主要是把事情办好。所有具体工作都是由基层员工来做的，从某种程度上来说，他们的工作质量、进度与所花成本决定着企业的成败。作为一名企业领导者，要真正以员工为本，尊重人才，并配以合理的报酬与待遇。员工与公司利益共享，要努力提高员工的素质与技能，发挥其主观能动性与潜在能力，匠心营造，使之切实把本职工作做好。

我把"三个办事准则"看成是我的价值观。人的生存价值，等于他为促进与实现人类个体、群体、整体与自然万物的和谐发展，或者说等于他为多少人的生存发展创造与提供了多少有利的条件这一客观实际。每个人都在为此而生，为此而努力，所以每个人都有人生的价值，都有自身的价值，只是大小不同而已。人的价值总能满足事物或他人的需求，能把自身的价值变为社会的价值。人的价值是多方面的，有做人的价值，有做事的价值。人品好是首位的，是精神追求；而办事好是必须的。人只有通过办事才能成长，通过办事才能创造价值，通过办事才能为他人服务。

价值是由社会必要劳动时间构成，由诚实劳动创造的。不通过劳动或者虚假劳动是创造不出价值来的，会给人们、给社会带来灾难。这一点也不能含糊，不能混淆，否则整个社会就会出问题。我一生追求把事情办对、办成、办好，付出了大量的劳动，力求多为他人、群体、国家创造价值，多做贡献。这是自己在修心过程中建立在内心的一个价值坐标轴，并逐渐地形成了我的价值观。这也是我这辈子最为珍贵的。

世界观、人生观、价值观这"三观"紧密相连不可分割。世界观为人生观提供了一般观点和方法的指导，人生观是世界观在人生问题上的应用和贯彻。世界观是形成价值观的基础，正确的价值观的建立又会使世界观更丰富、更完善，人生观指导着价值观，价值观保证着人生观。"三观"对人生都很重要，相辅相成缺一不可。

做人的关键是要树立正确的"三观"。各种道理，至理名言，名师指点固然重要，不可缺少，自身努力才是最根本的，只有自己真正在生活与工作中体验成功与失败，快乐与悲伤，摸爬滚打，痛定思痛，才能树立起正确的"三观"。

四

三个人生源泉

"三个人生源泉"是优秀的品德来源于修造；事业的成就来源于勤敏、福气来源于对命运的把握。前面三个"三"在《心芯相印——我与祖国的航空发动机及国有大型企业》一书中都有不少真实案例，三个"三"就是从这些活生生的故事中抽象出来的，想着自己这一生的所求，不外乎就是这三个方面。为此去奋斗一生，度过一生。这可视为自己的世界观、人生观、价值观。而最后的这个"三"则是"古来稀"时对之前个人人生的新生感悟和进一步升华。

（一）优秀的品德来源于修造

才干有先天而来的说法，即所谓的天才、天分，现实中似乎也确实存在。然而说品德先天就形成的论述似乎不多，也没有见识过。所见所闻，人的品德全在于自身的修造。

1. 道德哺育万物

《大学》一书中写到"自天子以至于庶人，一是皆以修身为本"。佛经上说"人不为己，天诛地灭"，即是说，人如果不努力修为提升自己，是天地不容的。老子说得更直接，"道生之，德畜之"，道创造万物，德哺育万物，万物都应尊道而贵德。这说得太深刻、太现实了。对个人而言，道德好，一切皆顺，道德败坏，一辈子遭殃。一个家庭，家风好，万事兴；一个单位，从业人员有好的职业道德，定能兴旺发达；一个国家，公民文明，社会风气好，定能强盛。

2. 以"三个客观对待"修造自身道德

一个人的道德到底是怎么

形成的，古人虽有"人之初，性本善，性相近，习相远"的说法，我还是常思无解。虽然无解，但我不相信人性本恶，也不觉得人性本善，而是认为人性中善恶并存。没有天生的恶人，也没有天生的善人。善恶的选择最终来自自我觉醒，自我的觉醒又仰赖暗示和引导。恶塞其路，还是善行其道，就看如何去引领。总之，人应该是学好、变好、行善，而不应该学坏、变坏、作恶。

每个人都有自己的人生观，对品德的要求不同，所以才有不同的结果。有人一生无所作为，庸庸碌碌；有的人蝇营狗苟，身背骂名；有的人轰轰烈烈，事业大成；有的人献身正义，虽死犹生。这是自身修不修造，如何修造的后果。

我已认定"三个客观对待"就是自己追求的基本品质，"三个客观对待"直白地讲，就是按客观实际，诸恶莫作，众善奉行。品德的优秀程度取决于自己在修造上下的功夫。修造自身的品质就是围绕这"三个客观对待"来进行，核心是修行"客观"二字。进一步讲，客观就是自然，就是修造好"自然"二字。

（1）对事要"格物""致知"，时刻观察事物，认真地认识事物的真相与本质，亲身参与事物之中，在实践中掌握真实情况，从而"正心"，就是使自己的知、情、意符合面前的客观实际，与外界事物相融合，心正而不偏离。按照客观的道德标准去做人，按照事物的客观实际去做事，这才能做实在人，办实在事。

（2）对自己最不客观的就是私心与贪婪。天长地久，是以其不自生，故能长生。效法天地，不为自生而长生。"修身"修养身心，按自己的心灵择善而行。人是丑陋和美好并存的，并且总是在善恶的边缘行走，升华还是堕落，责任都在自己。我们常常无法面对自己灵魂里的丑陋，这种丑陋或者是一种自私，又或是一种贪婪，甚至是一种龌龊的恶。善与不善的事是多方面的，其中最不善的就是私心与杂念，是贪欲。私心与贪欲是苦根，也是祸根。贪欲使人心复杂，自私让人群复杂。要离苦得乐，不闯大祸，就应弃其贪婪的私欲。造化生命，爱惜生命，自知自爱。遇事不出轨，善心不能失掉，不受外在的支配与影响；做生命的主人，对自己生命的善与恶、好与坏负责，一切都是自作自受，别人是不会替你承受的；力争做一个明白人，成大器的人，不令人讨厌的人，真善美的人。

（3）对他人始终坚持诸恶莫作，众善奉行，己所不欲勿施于人。人来到这个世界是来承担责任的，要为他人而生，为他人而活，没有他人，哪有自己。人人在为我，我必须要去为人人。其实真正做到了客观对待自己，也就能客观对待他人了。

3. 修造品德从学开始

一个人从小就学，要十有五而志于学，青年时学，中年学，老年还得学，要不厌地学，学做人的道理与做法。

学与习结合，"学而时习之"，边学边习，复习，练习，实习。

学与思结合，"学而不思则罔，思而不学则殆"，边学边思，从而有了知。知自己的长处与不足，知自己的不知才是知。

知与行结合，知德后要行德。在行的过程中，要时时查过，时时改过，知过不作，改过不再犯同样错误，补过无纠，远离灾患。在行中充实生命内涵，在心中知得正，在行动中行得正，在行动中改正不足，行的结果有所得，有得于心，得到了对生命的领悟，得到了人生，得到了生命，得到了生存。这就炼就了道德，得到了道德，自己有了道德。把这颗心与德固化下来，守心守德，持志不放，成为常态，成为习惯。

人的认知和智慧来源于学习。要学的东西太多太多，但大致可分为两大类：学做人和学做事。相比之下学做人要比学做事更为复杂。事物的存在与发展是有规律的，易于把握，易于解决，总有结果。学做人就太难了，人有心，有大脑，有灵魂，这些是看不见摸不着的，时刻随外界变化没有规律。此外，不光要把自己做好，还要与他人处好关系，这就难上加难。

4. 修造道德，终生不殆

修造品德是一生的事，永远伴随着自身，是个沉淀与积累的漫长过程，是个渐进的过程，是一种煎熬的过程，正所谓天变一时，人变一世。没有见过某人一天突然变好了，或某天突然变坏了。而多数人受不了修造中的痛苦与煎熬，往往在尚未体验到愉悦和自在的滋味时便放弃了。要在日常生活中坚守修炼，不放弃任何机会去修造。希望的彼岸无限美好，但没有人能够随随便便抵达。要有恒心与决心，唯坚持才能浴火重生。

老子告诉后人修行要"致虚极，守静笃，万物并作，吾以观复"。就是要做到心虚空到极点，聚精会神，心无旁骛，一直坚持下去。万物总是相互作用的，时刻变化的，要一直看到万物的源头，这样就明了了根本。

不能把修造挂在口头上，而要时刻放在心坎里。修造不是说给别人听的，做给别人看的，而是要出于真心。

5. 按自身实际修为

从来没有听说过谁的品德是最好的，也没听说哪个人修造的方式方法最好，因为标准不同结果也不同。"修之于身其德乃真"，所以找到自己的道德水准，自己按自己的要求、自己的感觉去修造，修造成为自己满意的人。如果生搬硬套他人的道德水准，沽名钓誉，会反受其害。

身临其境的感悟

我前年到西藏，在拉萨时写了一段感言："来拉萨一周，几乎每天围着布达拉宫转两圈。手转转经筒，不断思索：我到底该如何活着？当生产资料和生活资料实现公有制之前，我

心芯相印·不忘初心

为了生活必然有私心，要为自己而活着。但一个人又是无法生活的，所有一切都是他人和社会及国家提供给我的，因而必须要回报他们。这就面临着我与他、私与公无时不在的碰撞和斗争。处理两者关系的关键其实就是把握好一个度。把两者连成直线，中间加一个支点，就是一架天平。当我贫穷的时候，这个支点是靠近自己这一端的；当我觉悟不高的时候支点亦是靠近自己的，这也保持着一种平衡。当我经济、物质条件逐渐好起来，当我觉悟逐渐高起来，就多做善事，布施于人，支点就向另一端移动，保持着另一种平衡，这是高一级的平衡。支点就是度，我要活得有意义，就要不断把支点向'他'与'公'方面移动，把握住这个度，保持一种更高境界的平衡状态。朝拜布宫，净化心灵，以此感悟勉励自己。"

终生惭愧的一件事

这件事过去几十年了，我却难以释怀。在孩童时期的一天，我和邻居的小伙伴涸泽而渔。运气不错抓了不少大大小小的鱼，这时我趁他不注意，将一条较大的鱼埋在泥里。两人把鱼平分完，待他走后我再把鱼挖出来放进自己的兜里。

奇怪的是，这件事一直非常清晰地深埋在我内心深处。或许在大多数人看来，这没什么大不了的，但是，我深知在年幼时我就萌生私心和贪念，这种私心与贪念让我不安和害怕，以至于每次看到这个小伙伴心里都会有愧疚，不能坦然地一起玩耍。我也曾给自己找台阶下，认为这多半是当年的穷困和饥荒所致，使得天平的支点在他与己的利益碰撞中往我这边靠近了。然而，随着时间的推移，世事的变迁，回忆再翻出来才明白那是第一次对人性的考验，我却没答好这道题。但是，也正因为这件事，我之后开始特别在意自己这方面的言行。当每一次我与他、私与公发生碰撞时，这件事就马上跳出来警醒我。也正是这样，我人生的这个支点才不断调整，逐渐趋向平衡。

令我深感遗憾的是我再也没机会跟这个小伙伴往事重提，也没能就孩童时期这件事跟他道歉。与其说是向他道歉，不如说是自我解脱，让自己心里这颗石头落地。其实，不管是在日常的生活工作中还是为人处世中，时常会遇到种种人性的考验，我要做的不是逃避，也不是纵容自己，而是重视这样的机会，纠正自我，修炼自我，提升自我。"勿以善小而不为，勿以恶小而为之"，我始终相信种善因得善果的道理。

勿以善小而不为，勿以恶小而为之

一件 40 多年前的往事

有一年回老家，我在油溪火车站下车遇见一个二十三四岁的小伙子。他长得很精神，身上穿着笔挺的军装，只不过没有帽徽与领章，脚下的皮鞋擦得锃亮。他小心翼翼地走在刚下过雨略显泥泞的土路上，生怕弄脏了那一身漂亮的军穿。但是，他身上带着太多行李，肩上一头挑着个大箱子，另一头挑着个大袋子，顾得上这头就顾不上那头，深一脚浅一脚地往前走。我看着小伙子因负重而略显艰难的步伐，便几步追上他，问他到哪里，小伙子说："我到吴市峰子岗。"我一听是同村的，正好可以结伴而行，这样十五公里的路程也不至于孤单。再说军人在我心中是非常神圣的，小时候送我上学的那个大个子解放军的高大形象时常出现在我的脑海中，是他改变了我的一生。能够为军人做点事情，我是非常乐意的。于是我便说"我来帮你挑吧"，随后就接过小伙子的那挑行李，娴熟地把扁担往肩上一放，就跟着小伙子走了起来。小伙子打量了我几秒钟，估计是看到我简单朴素的穿着，以为我是当地的农民，说道："老乡，你帮我挑行李到家，我会给你工钱的。"我也没有解释什么，自顾着往前走去。一路上，我俩慢慢聊起来，小伙子一听我对当兵的这么崇敬，便开始绘声绘色地对我讲起了自己当兵的经历。我一路安静地听着，只是偶尔发表一下自己的意见。通过一路的聊天我知道这个小伙子叫蔡天元，知道他家的位置。快到他家时，我便径直走到了他家门口。这时候，小伙子有点纳闷了，问道："你怎么知道这是我家？"我还没来得及回答，他家人已经出来了。一家人见到当兵的儿子回家，都喜出望外。当时，成为解放军是件光宗耀祖的事情，一家人甭提多自豪了。可看到挑着行李的是我，家人便马上盘问儿子到底是怎么一回事。他父亲还没等儿子答话，当场就给了儿子一顿臭骂，并马上给儿子介绍了我的身份。小伙子一听就目瞪口呆，他怎么也想不到眼前这个普通的老乡就是我们山沟里的第一位大学生，远在北京的政府工作人员，被自己作为学习榜样的人。他马上对我说道："谢谢您，以您的身份竟然给我挑行李，实在是让我感动，我真的感到很荣幸。我会铭记今天的事情，以后做个像您一样的人。"像这样的好事，我也不是第一次做，故而对类似的夸奖也毫不在意。这些就是实实在在的自我修炼，标准就是诸恶莫作，众善奉行。

回顾过去几十年，修造自身就是为了修炼好的品德，这个目标是明确的，也是坚持不变的。从小就修造，但以什么为核心是模糊的，只是从书上看，听别人说，看别人做。时间长了，有灵感了，有感悟了，不知不觉地在修炼"客观"二字。无论是做人还是做事都要认清客观并按客观现实行事，就是看问题，处理事情力求符合客观实际，过了回撤，不及前进，始终保持一个度。认识到客观对做人做事至关重要，同时认识到客观就是世界万物的客观存在，就是大自然。道法自然，道就是自然。如果自己的道德基本符合自然，那天道就变成人道了，人道就符合天道了，这一生就顺应自然了。

（二）事业的成就来源于勤敏

1. 勤敏是事业成就的第一要素

人品好是必要条件，工作好、有成就是充分条件，必要条件加充分条件才能构成完美的人生。"三个办事准则"是事业成功的必备条件，事业成就的关键是要把从事的事情"办对、办成、办好"，为此去奋斗，不惜付出，不畏艰辛。

"天生我材必有用"，这是天才的来由吧。天才是对事物有良好的悟性和灵感。发掘自己的悟性，抓住自己的灵感，努力从事自己的工作，就易于成功。假如努力到极致也不能成功，那就赶紧调整方向，也许你的天赋在别处。涉水我不行，爬山可能是我的专长，扬长避短，施展才华是明智的做法。

成就固然与人的天赋有关，但不管天赋好与差，都离不开后

天的努力。天分加勤奋才能获得成功，而成就最终取决于付出与勤奋。爱迪生说："天才是百分之一的灵感加上百分之九十九的汗水。但那百分之一的灵感是最重要的，甚至比那百分之九十九的汗水都要重要。"我们大多数人可能没有伟人的天才灵感，也就必须以勤补拙，付出百分之九十九的汗水了。

首先是付出时间，无论是读书时期，还是工作阶段，时间是一个人最宝贵的资源，人人都一样，是绝对平等的。它是不能储存的，借不来买不到的，就看你怎么去利用它。如果你每天多学习、工作两个小时，一生学习、工作几十年，累积下来就比别人多出好几年的时间。学多少知识，积累多少经验与经历，增加多少才干，取得多少成就，都是看付出了多少时间。

其次就是付出精力。人的精力是有限的，要把精力放在从事的事业上。人一辈子只要集中精力，专心致志做一两件事情，这样即使不成功，也一定会有所得。一生关注的事情太多，什么都想做，什么都去做，即使偶尔成功，也一定得不偿失。生命不仅有限，而且无常，将有限的精力浪费在与自己根本无关的事情上太可惜。如果一个人成天想的是事业，办的是事业，眼睛里总是盯着事，手里总是干着事，脑袋里总是想着事，为了事业执着追求，就易于成功。成就是用毕生精力换来的，所有财富都是由劳动创造的。劳动生产万物，劳动造福人类，关键在于勤。勤与懒付出不同，其结果截然不同。

这一切要靠精神与毅力支撑，要不怕难不怕累不怕苦，不叫难不叫累不叫苦。对要办的事执着追求，直到办好为止。

　　勤奋工作之余还要勤奋学习。学习传统文化、新文化，主要是为了提高道德水准，而在提高才干方面则免不了学习自己从事的专业知识。发达国家在经济管理、企业管理、科学与技术方面有可学之处。我在二三十年前就读了《哈佛管理全集》《成功之路》《有效管理者》。这三本书我反复读，并运用于工作实践中，确实受益匪浅。

2. 情商与智商均不可少

　　影响事业成就的因素不胜枚举，但离不开自身的情商与智商。情商高就可以把人团结起来，把各方面的资源调动起来，把不能控制情绪的部分变为可以控制，去待人接物，处理好错综复杂的各种关系，尤其是人际关系，群己关系。智商与情商配合运用，充分发挥其观察力、想象力、创造力、顿悟能力、分析判断能力、推理能力、应变能力等去认识客观事物并运用知识与技能解决实际问题。情商与智商都是靠自身培育、沉淀、积累而成。

　　勤奋与付出是办任何事情的先决条件，而要想办大事情商、智商就显得尤为重要。

母亲的勤奋使她获得成功

　　我出生不到一个月，父亲便去世了，母亲当时只有23岁，我们成了孤儿寡母，母子俩成了段家这个大家庭的累赘。两年后实在过不下去了，母亲只好带着年幼的我去了外婆家。从此，三代人相依为命，过着极其困苦的生活。

在我的记忆中，母亲和外婆总是在不停地干活，总是有干不完的活。一直到中学，我都是跟着母亲睡的，但我从不知母亲是什么时候睡的觉，什么时候起的床。我睡觉时，母亲坐在织布机上织布，早晨醒来时，母亲还是坐在织布机上织布，连姿势都没变。有时候我不得不想母亲是否睡过觉。冬天再冷，夏天再热都是如此。三伏酷暑天，人们在院坝里乘凉，母亲总是在织布机上左右手不停地甩着梭子，汗珠爬满额头，然后顺着脸颊一滴一滴地流下来。

三九严寒天，当人们在火炉旁取暖时，母亲依然在织布机上左右手不停地甩着梭子，尽管两手因长满了冻疮而红肿得像包子，动作却仍是那么轻快，那么娴熟。由于母亲心灵手巧，掌握了纺线、牵线、装机、织布的全套技能，织的布质量好，加上一

直坚持以诚信为本，在市场交换中从不缺斤短两，也不会给布发水以增加重量，所以母亲织的布非常受欢迎，供不应求。

母亲白天大部分时间是在地里干活。挖地、挑粪、播种、

收割，可谓无所不干。母亲非常能干，干起活来干净利落，加上她善于动脑，计划性很强，干活的效率总是比别人高，很多男人也望尘莫及。

母亲和外婆过惯了苦日子，总是能够一分钱掰成两分钱用，一粒米当两粒米来吃。吃光碗里的每一粒饭，"一粒米不成浆""粒粒皆辛苦"是母亲常常教导我的话。

母亲认为只有读好书才是改变命运的唯一出路，所以在我五岁时就送我上了私塾。除了维持三个人的基本生计，母亲还要靠种庄稼、纺纱、织布挣钱供我上学，从小学、初中、高中直到大学。当我参加工作后，母亲才稍微轻松些。

我们常说的成功人士一般是指高官干部、企业家和其他的一些大家。但是我亲身感受到，母亲亦是普通农村妇女中的一位成功人士，在家乡这片土地上无人不知，无人不晓。这就是母亲一生都在奋斗的成功。

勤奋的人很多，但真正成功的并不多。母亲的成功在于人品好，同时也确实在于有她的"三个办事准则"。她把几个大事办对了。一是把我当成她唯一的希望，同时孝敬好外婆。二是选定了毕生以种地织布为生。三是认定读书是我改变命运的唯一出路，即使讨饭都要让我读书。母亲用她的智慧统筹、计划，并且付出时间、精力把这些大事都办成了。她还用工匠的本事与精神把事情办得好上加好。这一切让我受益匪浅。

林宗棠、林左鸣二位领导为我所建"母爱亭"撰写的对联是"早年茕独，耕织为生计，贞洁抚幼，笃训孝廉，凭慈母情深。一生劬劳，勤俭持家务，茹苦含辛，育养忠良，靠家风率真"，这是母亲最真实的写照。

（三）福气来源于对命运的把握

人生就是追求幸福，就是为了过幸福一生。一个人到了晚年人们常常用福气好与不好来评价他的一生。人人都想一生有个好福气，过年家家户户都要在大门上贴个大红福字，人人都在为有个好福气而奋斗。人们对福气的定义是：福气是享受幸福生活的命运。我从自身经历感受的确如此。

1. 认识幸福，创造幸福

不同时代、不同生活目标和理想的人有着不同的幸福观，这是幸福的个体性。人们需求的满足，不能脱离具体的物质生活和精神生活，这是幸福的客观性。主观性和客观性统一的基础是人的实践。只有通过实践活动，使追求幸福的主体欲望与客体结合，使欲望得到满足，才能获得幸福。"三个永无止境"观点就是人的主体价值在认识、利用客观世界的实践中得以实现，继而得到物质上、精神上的满足，这就是幸福。随着实践的发展、社会发展和人类进步，人类幸福质量在不断提升，享受需要和生存需要的对立正在逐步消失，以前的奢侈品，现在成为日常用品了，人们的幸福感也增强了。

幸福的个体性，决不意味着幸福是个人的私事。个人幸福与社会幸福互相联系、互相依存。社会幸福影响个人幸福，个人幸福丰富社会幸福。个人幸福的真正实现，有赖于日益丰富的社会物质财富和高度文明的精神财富。个人要获得满足，首先要有贡献，要想获得幸福，就要为社会、为他人创造幸福。"三个客观对待"观点专门论述了如何客观对待自己及客观对待他人的问题。自己的所作所为，都要考虑到满足他人，是为了他人的幸福。他人幸福了，社会充满幸福了，才有自己真正的幸福。

幸福不仅包含着对物质生活和精神生活的满足享受，更重要的还在于通过劳动对物质生活和精神生活的创造。劳动是人的最本质的需要。人类必须通过劳动改变世界以适应自身的需要。劳动光荣，劳动是幸福的源泉。"三个办事准则"观点专门论述了工作即劳动。一个人只有用自己的劳动去为他人、为社会创造物质财富与精神财富才是一生的幸福。正如习近平总书记所说："幸福是奋斗出来的。"

2. 物质与精神相结合享受幸福

人的正常需要，有满足物质生活、满足社会生活、满足精神生活三重。如果一个人只追求物质享受，没有精神追求，那他不会获得真正的幸福。一个社会只有丰富的物质生活，而精神生活贫乏，那么这个社会就会因为无法满足人们的社会需求和精神需求而难以维持和巩固。

　　幸福是一种精神上的感觉与反映，要在平常生活中享受幸福。物质生活固然重要，但并不是唯一的，一个人的精神快乐并不完全在于荣华富贵。贫也好，富也罢；得也好，失也罢，全都是过眼云烟。真正的快乐是从生命的本性流露出来的。有的人物质生活优裕，却依然心态不平，满腹牢骚，精神生活就不一定美好。有的人生活虽然贫寒，却心态平和，照样生活得有滋有味。

3. 从多方面感受幸福

　　有的幸福来源于别人的给予，如别人对你的尊重、信任、支持与赞美，这要珍惜。同时也要感受自己给予自己的幸福，如你肯定自己的时候；在达到目标时内心充满喜悦的时候；在感到生活有巨大乐趣希望能持续久远的时候；在你沉浸于积德行善所带来的体验的时候；在你善意看待事物而内心充满阳光的时候。人生短暂，顾此往往失彼，不如尽量顾美好的，从中享受幸福。乐观向上地对待生活，生活就给我们丰厚回报；消极慵懒地打发日子，日子就会百无聊赖。用宁静的心面对生活，

面朝大海 春暖花开

顽强的心面向挫折，拥有丰富的精神世界和良好的心境，生活才会美满幸福。

外界事物也可以带来幸福。我喜欢登山，因为可以感受到"会当凌绝顶，一览众山小"的雄浑高昂；"天苍苍，野茫茫，风吹草低见牛羊"的寥廓释然；"天门中断楚江开，碧水东流至此回"的奔放洒脱；"日出东方金遍地，日落西山血连天"的瑰丽恢宏，"居庙堂之高，处江湖之远"的宠辱不惊……大自然的点滴馈赠和祖国的大好河山，常常令我豁然开朗而又充实饱满，返璞归真而又风轻云淡，深感幸福。

一位普通老人的幸福

我曾经与几位好友登崇州市凤栖山，到山顶敬拜光严寺。我在释迦牟尼《八相成道图》的石刻下遇见一位老人，见到她仿佛见到了我的母亲，崇敬之心涌上心头，情不自已地与她交谈起来。老人家82岁高龄，虽然背上背着七八十斤重的木柴，可是面容安详，心态平和。她经常在这山里找柴火，身边的小黑狗一直跟随着她，不咬人也不乱叫，有一次走丢三天居然还能回到家……

分别后，我思绪万千，突然觉得应该把老人家的形象记录下来，我便追上去问老人家能否为她拍张照。她愣了一下笑眯眯地说自己还没照过相。得到同意后我随即用手机拍下了一张照片。

从照片上看得出这位老人家脸上并没有因为负重带来的疲

态和怨念，眼里满是清澈纯净的光。八十多年的风雨，已成为故事，我亦明白即使回忆也是被岁月磨润得平淡了。不多的几句话都是对过往的看淡和包容，对当下的欣然和知足。我想起了海子的诗，"喂马、劈柴、面朝大海、春暖花开，做一个幸福的人……"人生本是苦，人人都有负重，这个重或许来自于工作与生活；或许来自于爱情与家庭；或许又是名誉与利益等等。如若你的心里有一片海，那么苦和重又算什么呢？即便是不离不弃的小黑狗某一天走失，你也相信它一定会找到回家的路。想到这儿，我突然有种释怀感，原本有点沉重的步履也轻松多了。

我们绝大部分人都如同这位老人，每天平平淡淡、真真切切地享受生活，平凡而幸福。不正如海子给予我们的诗一样吗，"以梦为马"，简单从容。我望向老人家，她稳稳地一步步向山顶的云雾中走去……

4.把握命运享受好福气

由于认识的局限，人们常常把一个人的幸福归结于上天给的命好不好，幸福就是命好，反之就是命不好。这完全否定了人的主观能动性，是不符合客观实际的。古今中外，没有优越的出生、成长环境，但是通过自己的不懈努力最终成功的例子不胜枚举。断齑画粥的范仲淹、自学成才的华罗庚、扼住命运咽喉的贝多芬……他们为我们树立了光辉的典范，让我们清楚地看到，要想有好福气，就必须要通过努力牢牢掌握住自己的命运。

人出生时的环境固然有所差别，但不能就说这是好命、坏命、富贵命、贫贱命等等。我在实践中认识到，只要看准时代趋势，认清形势，遵循客观，命运是可以由自己掌握的。人品好，平时刻苦学习，勤奋钻研，掌握一技之长，运气就常在，就会鸿运当头，利运亨通，命运也随之发生改变。

人一生只能靠自己，只能自己救自己。从小母亲就经常带我去烧香拜佛，嘴里说的是梦林呀，要尊敬菩萨，向菩萨学习，做个好人。但她不许愿，不求菩萨保佑。这使我逐渐认识到菩萨是不能保佑我们的。不勤劳俭朴能富裕吗？为非作歹能逃过法律的制裁吗？不守交通规则能保证安全吗？不爱惜自己的身休，有病不求医身体能健康吗？等等。好的命运靠自己去奋斗，好的福气是自己奋斗得来的。

我出生在旧社会，而且幼年丧父。十岁时全国解放，我的命运也随之改变。这是革命先辈们为了改变全国劳苦大众的命运给我带来的。随后我开始上学，努力读书，逐渐把握自己的命运了。工作后逐渐总结出了"三个永无止境""三个客观对待""三个办事准则"的观点，并在做人与做事中去实践，从中感受到了幸福，获得了幸福，并牢牢地把握住了自己享受幸福的命运，所以我多多少少有了点福气。

归根结底就是两个方面：做人有好品德，品德要善，善就是知，知就是德，德就是福。其方法是求知、修德行善。所谓日行一善，日增一慧；日造一恶，日减一福；诸善当行，诸恶莫造，心安体泰，福慧双生。

做事有好成就，这也是积德，积的是功德。人品好，有功德，完成了人生历程的辉煌。这就是通过奋斗把握了自己的命运，在生命的历程中感受幸福，享受好福气。

在农村茶馆里的见闻

在四川农村有两三天赶一次场的风俗习惯。一次我去剑锋乡赶场，与几位农民老乡进了茶馆。茶馆里热闹非凡，每人花上一两块钱泡上一杯茶，可一直坐半天。亲朋好友乡里乡亲们围坐在一起，唠唠家长里短，交流农务耕种和买卖收成，谈谈儿孙们的趣事，相互间联系农活等等。在我旁边端坐着几位七八十岁左右的老人，左边的一位老人独自一人品茶，几乎没看到有人与他打招呼，眉头紧锁着左看看右看看。右边的一位老人与旁边几位闲聊着，不时有人过来与他攀聊几句："王大爷赶场啊，买了些啥子啊……"但他也只是应了声。坐在离我最近的一位老人有七八个人陪同他谈笑风生，还不断有人主动过来和他交谈，问长问短。这位老人看上去精神状态不错，身体硬朗，面容和蔼可亲。当他喝完茶要结账时叫道："茶堂官，收钱啰。"茶堂官大声应道："李大爷，你的茶钱刚才有人给过啰。"这样的见闻虽小，但我记忆犹新，时常感叹：李大爷的福气真好啊。

我常思索：一个文明社会安定国家的标志就是人到年老时有个好福气，能颐养天年。

国泰民安，国强民富，人人好福气；事业有成对国家，对社会，对百姓有贡献，受人尊重是福气；德高望重，培育良才，处处有良师益友，精英遍天下是福气。父母养育好自己的子女，有孝心、爱心，家庭和睦，幸福美满是最大的福气。

退休20年写了两本书，总结了我一生经历，提炼出几点人生感悟。经历是真实的，感悟是真心的。第二本书很难写，写写停停，讲讲改改，历时几年，总是写不完，写不好。一生就盼写好这篇文章，自己的行为就是在写这篇文章，会一直写下去。由于受自身知识与素质所限，难免有不足与错误，对错无关紧要，只是年迈没事找点事干，而写文章确实能使我潜下心来，动静结合修身养性，这也不失为一种幸福和乐趣。

后 记

　　大约是2013年，老爷子就开始着手写《心芯相印·不忘初心》这本书。我很清晰地记得，有一次老爷子对我说："有很多朋友看了我写的《心芯相印——我与祖国的航空发动机及国有大型企业》一书后，有很多感慨和感悟，他们希望我进一步对此书进行提炼和升华。朋友这样一说，我确实无限感慨油然而生。人啊，不管走多远，经历多少坎坷，取得多大成就，都应心怀感恩，不忘初心。"当时听到老爷子这番话还不懂其中深意，现在虽然也没明白透彻，但却更进一步了解了他，对他的崇敬更深了。

　　我觉得老爷子的这份感悟是他的自我审视、自我反思、自我总结、自我升华的结果。这本书并不好写，前后耗时五年多。回想老爷子从着手写书到如今本书定稿出版，这个过程我一生难忘，我从未遇见过一位如此认真执着，如此严谨细致的人。老爷子用的是五笔输入法，他睡前经常会花几分钟背五笔字根，所以现在用五笔输入一点问题也没有，这本近十万字的书正是他用五笔一字一句敲出来的。

老爷子自己一个人住，养了一只狗和一只猫，每天早晨起床清理狗窝，喂猫喂狗，然后遛狗买菜，回家做饭。老爷子的饮食很简单，萝卜、白菜、泡菜是他的最爱。早饭后就坐在电脑旁写书，常常一写就是半天。午饭后休息两小时，下午打球或者登山，晚饭后继续写。这几年来几乎每天如此。很多人的执着是过去完成时，而他的执着是现在进行时，永远的现在进行时，执着地把每天过得平凡充实而又有意义。

老爷子极其严谨细致，哪怕小如一个标点符号一个字，也要反复推敲。光是"做"与"作"的词性、用法就探讨了好几次，先查工具书，然后再结合句子推敲该用哪个；至于句子、段落、例子的运用是否合理恰当，就更不用说了。因为长时间面对电脑，他的视力一再下降，我把字号调到一号，他戴上老花镜看都很吃力。可即便如此，他还是每个字一笔一笔地敲，然后逐字逐字地确认。写完一段后再让我一字一字地检查是否有错别字，句子是否通顺。经常看到他在电脑边，脸都几乎凑到了屏幕上，头一低一抬地来回看键盘和屏幕，我既心疼又感动，劝他休息一会儿，他却说有了思路不能断。就这样，他有时候越写越入迷，甚至会忘记吃饭。从写下第一个字开始到近十万字，这本书就像一尊雕塑艺术品，在他手里反复雕刻、打磨。

老爷子很谦虚好学。他虽退休高龄，但是一直坚持学习。我替他在手机里安装了听书软件，近两年他听了很多历史故事，包括朝代更替、文人轶事等等；此外还听了《周易》《论语》《老子》等国学内容。老爷子充分利用琐碎的时间听书，甚至把很多知识点用手机备忘录记下来，有空就看，加深记忆。他也会经常考我历史事件和人物事迹，俗语、成语和诗句等的出处，讨论对某个观点的看法。他很乐意和年轻人交朋友，探讨问题，说这样能接触到很多新事物，让自己不落伍。每当有新感悟、新理解，他都会及时写进书里，遇到打不出的字，理解不透彻的观点和定义他会马上给我打电话让我查证，常常在感觉快要定稿的时候又会补充新的感悟，使得这本书的内容不断地丰富和完善。做他助理的这些年，从未听他说过难、累，从未抱怨，从未情绪化，总是积极向上充满正能量，总是不断学习不断前进。他曾说过，"人的一生每天都有不一样的认识和感悟，永远也写不完、写不好。"写到这里，我是羞愧的，我并没有帮到他什么，大多数事情都是他亲力亲为，反而是他在帮助我、教导我，让我越来越进步。

老爷子善于在日常生活中发现美，感知美好，心怀感恩。有一次外出登山途中，他看到一位大概八十岁高龄的老婆婆背着一捆柴在山中行走，他立刻停住脚步，拿出手机给老婆婆拍了一张照片，并且热切询问她的生活。分开后他一路若有所思，回到家他立刻把自己的所见所悟写下来并与朋友分享。他无时无刻都在修为着自己。他热爱大山大河，热爱一草一木，热爱生活，真心实意对待每一位朋友亲人。他在家乡是一位远近闻名、受人尊重的老人。他1995年的年收入仅五千多元，但从1996年开始他每年拿出一万元捐助家乡小学，一直到现在从未间断。近年来还影响身边很多朋友加入其中，奖励品学兼优的学生，资助家庭贫困的学生，资助学校办起了无人机活动室和3D打印室。他每年都会逢年过节回家乡去，祭奠逝去的亲人，慰问年迈的老人，到困难学生家里家访。每年如此雷打不动。在他身边的这些年，让我感受深刻的是他帮助别人并不是为名为利，他说名利都是身外之物，人要知道感恩，要做善事。他做这些也不是给谁看，完全是发自内心。

老爷子曾说这本书的内容纯粹是自己大半辈子的感悟，不是为了教育谁，也不是在说教。文章里的每个观点和大部分例子都是他自己的亲身经历，都是他的肺腑之言。出版这本书的主因也是身边朋友一再请求，希望能从他的经历和感悟中学到些有用的东西，希望能有一束光指引前进的路。文章写的"三个永无止境""三个客观对待""三个办事准则""三个人生源泉"穿插了很多国学观点，为了使内容看起来不枯燥乏味，他还专程去厦门请漫画公司为文章制作漫画。用他的话说就是事情要办就要"办对、办成、办好"。

我很庆幸能在老爷子身边工作，能为这本书的出版尽绵薄之力。作为年轻人，身边有一位如此优秀的榜样，我真的很幸运。他不仅仅是给我讲道理，教我为人处世，更重要的是他言传身教，用自己的行动影响我，真是严格要求，关怀备至。他把好的言行变成习惯，这种极致的自律在他看来就是一种日常的生活方式罢了，而我们普通人则是难以做到的。

我们无法去重走他走过的路。在我看来这条路遍地荆棘，他却赤脚而来，从容不迫、睿智坦荡。或许有的人在看到这篇文章时会觉得"这些道理我都懂啊"，是的，道理大多数人都懂，可是要过好这一生又岂是懂道理这么简单呢？和大多数人一样，我们都太幸运，能够踏着他们这辈人铺平的道路前行。有时候我们还抱怨路太弯，走着走着就忘了最初的梦想，迷失了初心。我们真的应该审视自己，认真生活、好好工作、感恩当下、砥砺前行，这样才不辜负他们的无私付出和殷切期望。

老爷子是幸福的。正如文章里的"三个人生源泉"一样，他通过自己的努力把握了自己的命运，在生命历程中感受幸福。老爷子是有福气的，老有令名，受人尊重；惠及桑梓，广育良才；子女孝顺，家庭和睦。这想必就是只问耕耘，不问收获，成名不必问，享福不必问，而美好和幸福必会追随而来。

感谢老爷子对我的信任，让我有幸写下这篇后记。文笔粗浅，还望老爷子和读者朋友们海涵。

王鲜萍

2019年1月28日